U0336526

面包制作教科书

入门篇

[日]日本家制烹饪协会　著

刘仝乐　译

中国友谊出版公司

写在前面

....

　　面包在我们的生活中随处可见，比如早餐中的吐司面包、午餐中的三明治、茶点中的夹馅面包、晚餐中的法国面包，等等。并且，大街小巷到处都有面包商家。如今，面包可与米饭看齐，已成为现代人生活中不可缺少的一种食物。成为生活主角的面包，是否让你想要了解更多，或是想要亲手制作一回？为了满足读者诸如此类的诉求，本套教科书得以面世。

　　面包师资格是"pancierge"一词的意译，"pancierge"由"pan（面包）"与"concierge（看门人）"二词复合而成，意为具有广泛的面包相关知识，能够自在遨游于深奥的面包世界的人群。针对不同级别的面包师资格鉴定，本套教科书由低到高分为入门篇、实践篇和专业篇。通过本套面包制作教科书的指导，那些喜欢面包、欲了解面包、想亲手制作面包，或是立志成为专业面包师的人，一定能够扎实全面地掌握面包相关知识。

　　在入门篇中，除涉及面包的制作方法、器具、原料等基础知识外，还包括面包的历史、世界各国的面包、食品卫生相关知识、面包礼仪等领域的内容。本书针对面包师和欲了解相关知识的烘焙爱好者编写。充分透彻理解本书内容，并抱有对面包的热爱之情，定能帮助各位读者掌握丰富的面包知识，体会烘焙的美妙乐趣。

目录

第1章　面包的历史

第2章　面包的种类与分类

第3章　制作面包的原料与工具

第4章　面包的制作方法

第5章　面包的制作工序

第6章　品尝美味面包

第7章　食品卫生

卷末附录

面包各部分的名称

在进入正文之前，首先要了解面包各部分的名称。

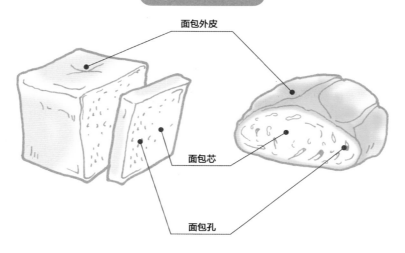

面包各部分的名称

面包外皮

面包芯

面包孔

面包外皮　　指的是面包表面带有焦色的部分，也称作外皮、表皮。

面包芯　　　指的是面包内里部分，也称作内里。

面包孔　　　指的是面包芯中生出的气泡，也称作面包纹理。

骨架度　　　指的是面包外皮的强度。面包中谷蛋白生成的越多，骨架
　　　　　　越结实。如果骨架度较低，烤好的面包易折断，这种现象
　　　　　　称作"面包断腰"。

※ 本书中出现的面包为广义的面包，除一般意义上所指的麦类经过发酵、烘
　 焙等环节制成的食物外，中国的馒头、包子、印度的薄饼等面点也被归为
　 面包。

第1章

面包的历史

　　面包产生于何时，又是如何发明并广泛传播的？这一章将学习面包的诞生、现代面包制作工艺的确立，以及面包传入日本的过程等知识。

1 | 从诞生到走向世界

谷类是维持人类生命的基本食物，特别是被称为世界三大谷物的麦、米和玉米，它们对于人类而言，从古至今都是不可或缺的。其中，小麦在世界绝大多数国家和地区广泛种植，以其为主原料的面包也遍布世界各国。

古代的面包

【面包的起源】

公元前 8000—前 7000 年，人类第一次种植小麦是起源于底格里斯河与幼发拉底河，经由叙利亚，止于以色列地区，被称为"肥沃新月地带"的美索不达米亚文明发祥地。那时，人们生活主要依靠采摘野生植物的种子和果实，从中发现可以栽培的小麦种子，逐渐开展小麦种植。伴随着农业的发展，小麦的食用方法也开始发生变化。起初是用石块将小麦碾碎，加水蒸煮，以近于汤粥的形式食用。到了公元前 6000 年，人们开始将小麦制成粉之后，加水和匀，烤成薄饼。这种烘饼可以说是无酵面包的起源。

肥沃新月地带

之后，面包逐渐传播到古埃及地区。埃及地区因尼罗河长期洪水频发，土地十分肥沃，充分具备适宜种植小麦的条件。据说在当时，面包被认为是生命的起源，甚至要和去世的人一同埋葬。而事实上，确实在图特安哈门国王的墓穴中发现了面包的痕迹。

埃及人开始食用小麦粉之后，没过多久，在偶然放置的面包胚表面上附着了空气中的野生酵母，于是出现了发酵面包。相传当时的埃及人将其看作"神的馈赠"，爱如珍宝。

另外，如果能够做到恰当的湿度控制以及病虫害防治，小麦就可以保存数年而不腐坏，并且可在农耕中实现量产，这些使得小麦逐渐成为财富与权力的象征。因此，村落集团开始出现，并逐渐发展成为国家。

漫谈时间
面包专栏

工资、税金与面包

古埃及官员的年工资用 360 杯量的啤酒一坛、白面包 900 个、地火烤制的普通面包 36000 个来支付，需缴纳的税金也被换算为 4 杯量的啤酒一罐、普通面包 400 个以及白面包 10 个。另外，据说由于埃及是出名的面包产地，周边地区的人都称埃及人为"烤面包的人"。

当时，烤制面包的工作主要由女性来承担。

　　面包从埃及传入希腊后，希腊人发明了两种方法培养酵母种。一种是小米与葡萄汁充分糅合的产物，可贮存一年之久。另一种是小麦糠与三日催熟的葡萄汁的混合物，将这种酵母种与苏打一同加入面包胚中，便可加速发酵。之后，除了小麦粉以外，大麦、燕麦等也开始被用作制作面包。另外，使用蜂蜜、鸡蛋、橄榄油、水果干等制作的嗜好品面包逐渐开始出现。

　　此时期面包制作技术不断创新，发明出可磨细粉的磨具，以及类似如今烤箱的面包烤炉。同时，专职的面包手艺人开始出现。面包形状也丰富多样，富有创意，既有长方形的，也有皇冠、动物的形状，一些优质的面包甚至会出口他国。

　　此时期，面包制作技术传入罗马。起初，面包是由那些被带到罗马的希腊奴隶们制作的，逐渐地，罗马也开始培养专业的面包手艺人，并伴随罗马的发展，促进了饮食文化的繁荣，使得面包广泛普及。

随着罗马日益成为大型都市，其面包的需求量也不断增高，结果直接导致仅罗马市内就拥有大约 250 家面包店。之后，又形成面包工人联合会、面包学校、面包工厂等，并逐渐形成面包的大规模生产。

另一方面，罗马的贵族阶级会吩咐自己偏爱的面包师傅专门为自己制作面包，甚至有的贵族会自己亲手制作甜点面包或面包胚。

在罗马近郊的庞贝遗址中，挖掘出被认为是用来磨面包粉的石磨以及塞满圆面包的烤炉，从这些遗迹和文物中可以了解古代罗马面包制作技术的高超与娴熟。

据说意大利最具代表性的面包"佛卡恰"（见第 26 页）的原型就是在此时期确立下来的。所以，基本的面包制作技术是在罗马时代确立下来的说法绝不为过。

现今残存的庞贝遗址面包烤炉

漫谈时间
面包专栏

面包与娱乐

"面包与娱乐"一词是古罗马诗人尤维纳利斯，在其讽刺当时世态的诗中所用的特定词汇，这里的娱乐指的是战车竞赛、剑斗士比赛等一般性娱乐活动。据说当时罗马帝国向普通民众无偿提供粮食与娱乐设施，市民也将其认为是领导者的职能义务，导致市民不劳不作，进而加速国家灭亡。

远播欧洲的面包

古罗马帝国灭亡之后，面包已随着基督教广泛传播至欧洲全域，面包制作技术也流传到各个僧院。

12世纪左右，在富人阶层，流行用筛过的小麦粉制作的白面包；而在平民之间，则多食用黑面包。所谓黑面包，是指用上述过筛后的面粉制作而成的颜色较深的面包。文艺复兴时期的14至16世纪，面包制作技术实现跨越式进步。16世纪，法国王室与意大利佛罗伦萨名门美第奇家族联姻之际，手艺精湛的面包师、厨师等随同公主一同到达法国，侍奉宫廷。于是便形成和发展为优雅的法国料理。到了17世纪，精致、简约的法国面包也应运而生。

面包的传播路径

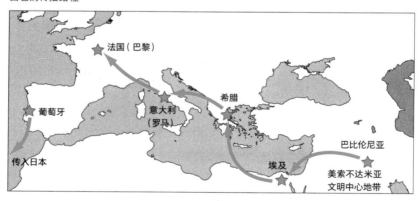

【黑麦面包的历史】

另一方面，在东欧及北欧各国，黑麦面包被广泛食用。黑麦面包历史悠久，据说可以追溯到公元前700年左右。由于黑麦可种植于寒冷地带，所以，在东欧、北欧逐渐出现了小麦与黑麦混合制作的面包。在这些寒冷的国家与地区，肉类等脂肪含量较高的食物占据主导地位，而黑麦面包的酸味可中和肉食的油腻，所以与当地的饮食文化十分契合。

遍布全世界的面包

【玉米与美洲移民】

1493 年，哥伦布在美洲大陆确认发现了当今三大谷物之一的玉米。当时，原住民将玉米磨成粉后，烘烤食用。

之后，欧洲各国居民大量移民美国，并带入了各自不同的"面包文化"。经过长年累月的改良与融合，逐渐形成了如今的美国面包文化。

比如，以玉米片为原料的玉米面包，因其制作工艺简单，美国大多数家庭都会制作。无固定形状与口味，油炸类、比萨类、饼干类应有尽有，这就是美国面包文化的特点。

【科学的发展与资本主义】

19 世纪中叶，法国化学家、微生物学家巴斯德解释了面包胚等部分中酵母的作用，其结果直接使工业生产酵母成为可能。随着科学的发展与工业的进步，面粉加工厂兴起，面包的生产受到资本主义的影响，缓慢地向前发展。

进入 20 世纪，小麦栽培工艺、运输手段的发展，以及面包制作技术的进步与工业化、机械化的共同作用，更大规模的面包量产不再是难题。

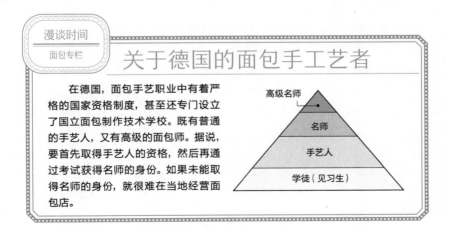

漫谈时间
面包专栏

关于德国的面包手工艺者

在德国，面包手艺职业中有着严格的国家资格制度，甚至还专门设立了国立面包制作技术学校。既有普通的手艺人，又有高级的面包师。据说，要首先取得手艺人的资格，然后再通过考试获得名师的身份。如果未能取得名师的身份，就很难在当地经营面包店。

高级名师
名师
手艺人
学徒（见习生）

2 │ 日本的面包历史

伴随着文明开化，面包真正踏上日本的土地，并逐渐成为日本人的主食之一，其稳固的地位不容小觑。并且，面包作为简食点心也被人们广泛喜爱。

▍小麦的传入

弥生时代（约公元前 200 年左右），小麦从中国传入日本。当时人们用水将小麦粉糅合，烤成薄饼食用。806 年，日本真言宗创始人空海将中国的"蒸饼"带回日本，蒸面包的技术由此传入日本。

▍发酵面包的传入

【伴随基督教，从葡萄牙而来的面包】

16 世纪，发酵面包伴随着铁炮与基督教，从葡萄牙传入日本。但是，到了江户时期，锁国令覆盖全国，基督教首当其冲，作为西洋舶来品的面包也被一道禁止。直到江户时代末期，作为士兵口粮的干面包的出现，才让面包得以重见天日。

【文明开化带来日本面包的真正开端】

　　日本真正与西洋面包打交道是从明治时代开始的。一方面，由于横滨开港，面向西方人的面包店不断出现，市面上不乏丰富多样的法国面包、英国面包等。另一方面，开发符合日本人口味的面包也从这一时期起步。

　　利用酒种制作而成的夹馅面包就是个典型的例子。它最初的原型是1875 年（明治八年）木村屋敬献天皇的面包。夹馅面包收获大量人气，之后，又相继出现了果酱面包、奶油面包等适合日本人口味的面包。

战后，面包迅速在全国普及

　　在战后的粮食困难时期，日本从美国大量进口小麦粉，学校伙食中开始搭配纺锤面包。之后，逐渐出现了面包工厂，使得面包迅速遍及全日本，成为日本人餐桌上不可或缺的食物。1970 年（昭和四十五年）出现了厂店一体的面包屋，并逐渐成为现在日本街头常见的经营形式。如今，在大街小巷随时可见充满原创性与专业性的各色面包店。

漫谈时间
面包专栏

日本的第一家面包店

　　横滨开港之后，日本街巷中出现了不少外国人经营的面包店，其中，英国人经营的 YOKOHAMA 面包店（1862 年创办），生意最为兴隆。可以想见的原因有：当时，居住在横滨的外国人以英国人为主，并且外皮坚硬的法国面包不适合日本人的口味，而英国面包则受到日本人喜爱。

同时由于日本政府的亲英政策，使得横滨的英国面包人气更加旺盛。后来，继承 YOKOHAMA 的是如今元町的 UCHIKI（打木）面包。当时在 YOKOHAMA 学艺的打木彦太郎于 1888 年（明治二十一年）接手面包店，并发展至今。

第 1 章　练习题

问题 1 小麦的原产地是哪里？请从下列选项中选出正确答案。

1. 欧洲
2. 西亚
3. 美洲大陆
4. 黄河流域

问题 2 因偶然加入酵母而发明酵母面包的是哪个国家？请从下列选项中选出正确答案。

1. 叙利亚
2. 罗马
3. 希腊
4. 埃及

问题 3 面包手艺人初次出现是在哪个时代？请从下列选项中选出正确答案。

1. 古东方
2. 古埃及
3. 古希腊
4. 古罗马

问题 4 罗马帝国灭亡后，面包主要产于哪里？请从下列选项中选出正确答案。

1. 农家
2. 面包店
3. 庄园主家
4. 僧院

黑麦面包产生于什么时期？请从下列选项中选出正确答案。

1. 公元前 1000 年
2. 公元前 700 年
3. 公元 100 年
4. 公元 400 年

 解释并阐明面包酵母作用的是哪位科学家？请从下列选项中选出正确答案。

1. 尼古拉斯·吕布兰
2. 迈克尔·法拉第
3. 路易·巴斯德
4. 罗伯特·科赫

问题7 **最早研发出夹馅面包的是日本哪家面包店？请从下列选项中选出正确答案。**

1. 木村屋
2. 中村屋
3. UCHIKI（打木）面包店
4. 山崎面包制作所

答案解析

小麦的原产地位于被称为"肥沃新月地带"的西亚地区。但当时以采集野生小麦为主，后来逐渐出现人工栽培。（详细内容见第 10 页）

在发酵面包出现之前，人们一直制作并食用不发酵面包。直到埃及人在放置的面包胚上偶然附着酵母，并加以烤制后，面包出现膨发，才出现了真正意义上的发酵面包。（详细内容见第 11 页）

在古希腊，出现了酵母种的制法、磨面粉的石磨、烤制面包的烤炉等，推动了面包制作技术的进步。此时，面包手艺人也开始登场。（详细内容见第 12 页）

中世纪是战争与饥荒频发的时代。粮食生产整体较低，面包制作技术主要由僧院继承。（详细内容见第 14 页）

据说黑麦面包诞生于公元前 700 年的欧洲。黑麦生长于严寒地区，在欧洲广泛用于食物制作。（详细内容见第 14 页）

巴斯德研究和阐明了葡萄酒以及面包中的发酵现象。1861 年，关于面包酵母的研究开始兴起，巴斯德最先进行了酵母菌的纯粹培养。1 中的吕布兰是工业制碱法的发明者，2 中的法拉第是物理学家，4 中的科赫是霍乱病毒的发现者。（详细内容见第 15 页）

夹馅面包是由木村屋的创始人木村安兵卫与二代目英三郎研发创造的。2 中的中村屋是创立于 1901 年的面包店，3 中的 UCHIKI（打木）面包店是日本最古老的面包店，4 中的山崎面包制作所就是现今的山崎面包。（详细内容见第 17 页）

第 2 章

面包的种类与分类

世界各国都有什么样的面包？本章将结合各国面包的特点，进行详尽的介绍。另外，本章也会讲解面包的广泛分类。

1 | 法国的面包

　　法国是吸引世界珍馐爱好者的美食王国。简单、精致的法国面包正是小麦的艺术化身。法国面包，搭配着红酒、乳酪，让人爱不释手。

法国传统面包

　　指的是仅用面粉、水、食盐、酵母制作的简单、朴素的面包。根据面包长度与重量的差异，名称也各不相同，如巴黎蛋糕（又叫巴黎小子面包）、法国长面包（法棍面包）、花色面包（中等大小）、纽扣面包等。棒状面包的表皮面积大，其香气也相应倍增。这里将上述面包统称为"法国传统面包"。另外，除了典型的棒状外形，法国面包也具有多种多样的外形，如双子形、糖果形、蘑菇形、麦穗形等，这些面包称为"充满想象的新型面包"。虽然是同样的面包胚，但因形状、重量不同，面包的味道表现也会发生变化，使得法国面包魅力十足。

法国长面包

双子形

糖果形

蘑菇形

麦穗形

羊角面包

　　这款面包最初起源于维也纳。在与奥斯曼－土耳其（奥斯曼帝国）的战争中，奥地利取得了胜利，故将面包做成象征土耳其的"新月形"，寓意"吞食土耳其"。据说，它是在玛丽·安托瓦内特与路易十六结婚之际传入法国。到了20世纪，逐渐发展成为如今卷入黄油的羊角面包。风味十足的黄油与轻薄的口感使其成为法国面包的代表。在制作时，若适当增加黄油的用量，并控制面包胚的发酵，则会更加轻薄，接近于法国馅饼的口感。

多层重叠的面包胚大大刺激食客的食欲。

软芯面包

　　这款面包在法语中叫作"Pain de mie"，"mie"指的是"装在其中的东西"，其主要特点在于面包芯。与外皮酥脆的长面包、巴黎蛋糕不同，它更注重品尝柔软的面包芯。砂糖与油脂的完美配比，使其与法国传统面包相比，甜味更加细腻出众。面包芯细密紧致，面包胚柔软有弹性，且坚挺有形，适于制作菜肴吐司、三明治等。

柔软的口感与香甜的味道符合亚洲人的口味，人气不减。

奶油面包

这款面包使用黄油、鸡蛋、砂糖,柔软蓬松。17世纪诞生于诺曼底地区,之后逐渐传播到巴黎以及法国各地。不同地方的原料配比各不相同,产生出多种多样的奶油面包。阿尔萨斯地区的咕咕霍夫就是奶油面包的变形。有的做法是放入香肠等,做成前菜。

据说其圆圆的外形模仿了中世纪僧侣的坐姿。

田园法风面包

这款也就是法国乡村面包。据说是巴黎近郊乡村的人们将做好的面包带到巴黎售卖,或是城市里的人想象着乡村的样子而制作的面包。但实际上,法国各地的乡村面包有着各种各样的外形,做法也不尽相同。最初的田园法风面包仅依靠天然酵母的作用经过长时间发酵,烤制而成,带有独特的酸味。乡村面包的特点是面包芯较粗,气泡不均匀。

基本为较大的圆形,也有王冠形和马蹄形。

▌牛奶面包

这款面包加入大量的牛奶，用牛奶代替水制作而成。据说是由维也纳的劳动人民带到法国，并多在法国面包店中售卖。特点为带有奶香的微甜，若加入生奶油，口味会更加醇厚，口感会更加松软。

简单地将其作为吐司面包片食用，风味更加出众。

▌法式葡萄干面包卷

在羊角面包的面包胚（也可使用奶油面包或牛奶面包的面包胚）中卷入牛奶蛋羹或葡萄干后，切成圆段，进行烘烤。牛奶的潮润口感与葡萄干的香甜口味，使得这款点心面包深受欢迎。

因所用的面包胚不同，口感也会有相应的变化。

漫谈时间
面包专栏

法国甜酥面包

在法国，味道醇厚的点心面包被认为是由来自维也纳的面包手艺人带来的，所以这些甜酥面包也被称作"维也纳面包"。无论是融合黄油的奶油面包或羊角面包，还是将牛奶揉入面包胚的牛奶面包，都属于"维也纳面包"的范畴。

酥皮果子饼虽然会也为同类点心面包，但据说它来自丹麦，故又称为"丹麦酥皮果子饼"。

2 意大利的面包

同意大利料理一样，意大利面包也各具地方特色。其特点是略带咸味，与多用番茄、乳酪、罗勒叶的浓香意式料理十分相配。

▊拖鞋面包（爵巴塔）

这款面包在意大利北部的伦巴第地区十分受欢迎。因外形酷似长形、扁平的拖鞋而得名。它不使用任何黄油与牛奶，且不加入其他油脂，被认为是健康面包。特点为面包芯内的气泡粗大、不整齐。因其发酵时间较长，多少带有酸味和独特的风味。

卡路里低，口味简单。

▊意式香料面包（佛卡恰）

从古罗马时期开始，一直流传至今的典型意大利面包，"佛卡恰"为"用火烤制"之意。其表面用橄榄、大蒜、岩盐装饰。面包胚中揉入橄榄油，带有淡淡的咸味，与浓重的意式料理或番茄沙司十分相配。

若制作过薄，则无法达到面包的柔软口感，所以，一般情况下，最薄也要有1厘米的厚度。

意大利长棍面包

这款面包来自意大利的都灵，长约 20—30 厘米，呈细棒状。它不经过二次发酵，直接烤制而成。其中食盐与小麦粉、水、橄榄油的比例搭配，使食客在咀嚼过程中逐渐感受味道的深邃。它具有薄脆饼干般的咬劲与口感，常被用来制作前菜或配菜。也可在其表面装饰芝麻。

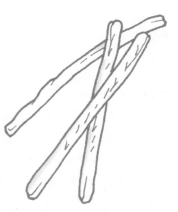

伴着清脆的折断声食用也是一种享受。

玫瑰面包（罗塞塔）

这款面包外实中空，表皮酥脆留香，整体呈玫瑰外形，是罗马的传统面包。最流行、最简单的吃法是蘸着橄榄油一起食用，但也可在其中夹入黄油，做成什锦拼盘等。在意大利北部，它又被称为"美凯塔"。

它适合用作意大利酒店中的早餐茶点。

漫谈时间
面包专栏

从佛卡恰到比萨

据说比萨来源于在佛卡恰上布满食材的食用方法。到了 17 世纪，在那不勒斯，面包搭配番茄一起食用，比萨初具规模，但还仅仅属于那不勒斯的乡土料理。将比萨真正普及到全国的是玛格丽特王妃。罗勒叶与番茄、马苏里拉奶酪搭配的比萨大受欢迎，并被命名为"玛格丽特比萨"。之后，到了 19 世纪，一些意大利人移民美国，20 世纪出现了美式口味的比萨，并逐渐风靡全世界。

意大利节日果子面包（潘妮朵尼）

这款面包起源于米兰，是圣诞时节的发酵糕点，如今已成为意大利的代表性面包。面包中加入丰富的葡萄干与橙皮，口味深厚，口感柔软，仿佛入口即化。这款面包一般不使用酵母粉，而是用一种叫作潘妮朵尼的天然酵母，极具保水性、防腐性、防菌性，可以长期保存。体积较大的果子面包可做成面包片食用；较小的则如松饼，一般被叫作潘妮朵奇诺。

具有一种酵母粉无法获得的独特风味。

圣诞黄金包（潘多洛）

与节日果子面包一样，这也是一款圣诞节专属点心面包。它不加入水果干，而是加入大量的黄油、鸡蛋，利用天然酵母发酵而成。因其面包胚呈现金黄色，被命名为"黄金包"（金黄色的面包）。在食用之前，通常会撒上砂糖粉。将其烤成星状是为了受热均匀，易于成熟。另外，体积较小的黄金包也被称为潘多里诺。

在意大利，到了圣诞时节，习惯上会同时食用节日果子面包与圣诞黄金包，这两款面包并称"圣诞双杰"。

3 | 俄罗斯的面包

　　广袤的大地上世世代代扎根土地的俄罗斯农民，他们对乡土的执着孕育出独特的料理与朴素的面包，并且延绵不断，流传至今。

俄式小餐包

　　这款面包较小，呈椭圆状，用酵母发酵，其中包有充足的内陷。在俄罗斯多用烤炉烤制而成。虽然它是俄罗斯街头小摊售卖的快餐面包，但当它出现在宴席时，则变身为俄式著名前菜。

内陷丰富多样，有肉、蔬菜、菌类等。

黑面包

　　这款面包的特点为重量十足、酸味极强，是俄罗斯的代表性面包。它以粗磨的黑麦粉为主材料，所以透水性差，发酵花费时间长。烘烤完成后的 24 小时为最佳品尝时间。在吃法上，可搭配俄式罗宋汤，也可切成薄片后涂抹酸奶油，或放入三文鱼、鱼子酱食用。另外，烤成酥脆的吐司面包片，直接食用也味道十足。

形状多为单长条形，这是因其独立成形较难，放入模具中烤制的缘故。

4 | 德国的面包

德国的面包咬劲十足，口味深厚。其最大的特点是多用黑麦制作。

▊德国黑麦面包

这款面包诞生于 17 世纪，是德国北部的传统黑面包。其中的黑麦比例占 80% 以上，经过长时间的烤炉蒸烤而成。长时间的加热使黑麦与小麦的蛋白质与糖质发生美拉德反应（见第 140 页），产生独特的色泽与香味，这成为面包成败的关键。因其分量较重，外形四方，又被称为"方砖面包"。

独特的酸味与口感让人着迷。

▊德国混面面包

它是黑麦粉与小麦粉混合烤制的面包。因黑麦粉无法形成谷蛋白，所以采用酸种法制作而成。其中，小麦粉含量高的被称为小麦粉混面面包，黑麦粉含量高的被称为黑麦粉混面面包。这款面包独特的黑色便来自黑麦的颜色。黑麦粉的含量越高，面包越不膨松，但面包芯会越发潮润。小麦粉的含量越高，酸味越淡，味道越清新。总体来说，这款面包的特点就在于使用黑麦原料，以及酸种法形成的独特香气与酸味。

它几乎可见于德国全境，是德国面包的典型。

德国果子甜面包

　　它是德国圣诞节不可或缺的点心面包。一般从圣诞节的四周之前开始制作，逐渐吃到圣诞节结束。这期间被称为"待降节"，是德国人筹备圣诞节的关键时期。用砂糖作表面涂层，加入大量黄油、水果，使其口味芳醇，富含营养。近来在日本等亚洲国家也可见其踪影。

果子甜面包的外形犹如包裹着毛巾的初生基督，寓意基督降生。

纽结椒盐脆饼

　　这是一款咸味浓郁的贫瘠系面包。在德国啤酒店中深受欢迎，甚至会被带到桌前推销。面包表面浸有碱液（苛性钠溶液），烘烤后形成独特的风味与照色。其名源于拉丁语中"手腕"的含义。

它常常被用作德国面包店的店标。

德国小圆面包

　　主要指的是用小麦制成的个头较小的主食面包。其外皮芳香，浓缩了整个面包的味道。另外，也会在表面刻入切纹或凹槽，以增加面包表皮的表面积。

顾名思义，指的是个小、圆形的面包。

5 | 英国的面包

在岛国英国，发展出英国早餐面包、三明治、奶茶点心等与大陆国家不同的独特面包文化。

英国面包

有一种说法是英国面包起源于哥伦布时代，是为了开拓者而发明的面包。因放入模具且不加盖烤制，所以面包胚会纵向伸展，成为山形。在吃法上，一般将其切成薄片，两面烤至酥脆，做成吐司面包片后食用。最佳品尝时间为烤制成熟后的两小时左右。在选择上，以面包芯光润，呈通透白色为宜。因使用锡制模具加以烤制，也被称为"锡具面包"。

英国本土的三明治面包片就是用英国面包制作而成的。

英国松饼

这款面包原料丰富，有小麦粉、牛奶、酵母、砂糖，并放入专用的模具中烤制。在食用时，需用烤面包器或烤架再次将其烤到恰到好处。通常会与火腿、熏肉蛋等咸味食物一起食用，并多用作早餐。在英国本土会简单叫作松饼，而在其他国家则会与美国蛋糕松饼区分，强调英国松饼。

松饼表面玉米渣的香味会大大激发食欲。

英国烤饼

烤饼发源于苏格兰，因其使用了焙粉，所以外层酥脆，内芯潮润柔软。在日本，烤饼一般与蜂蜜、果酱搭配食用。但在英国，烤饼则要蘸着德文郡特产的凝脂奶油与果酱，并与红茶搭配食用，这一习惯也被称为"奶油茶点"，可以说是维多利亚时期上层社会女性间"下午茶"的简约版。

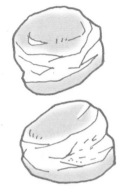

烤饼与香气浓郁的红茶是绝配。

漫谈时间

面包专栏

温泉胜地巴斯与面包的渊源

伦敦西部的古城巴斯，从古罗马时期就一直是繁荣的温泉胜地。虽然因罗马人的撤退曾一度衰败，但18世纪，温泉的医用价值被探明与周知，巴斯再次成为深受上流社会喜爱的疗养处所。爱好美食的美食家、名人聚集于此，这里的面包口味自然更加精致上乘。巴斯圆面包、萨利伦甜饼等面包应运而生。巴斯圆面包是在发酵的面包胚中加入水果干或坚果的辣味面包。萨利伦甜饼类似于奶油面包，口感柔软爽滑。它甚至是18世纪巴斯名人圈内的早餐宠儿。如今的巴斯是一座人气十足的旅游城市，仍保留着往昔的街道景观。

6 | 欧洲其他地区的面包

　　欧洲的面包历史就是欧洲文化的历史。通过面包，可以窥见欧洲各国的交流网络与饮食文化。

瑞士编织面包

　　这款面包流行于以瑞士为中心的德国文化圈。它的名字在德语中是"编织"的含义。以前，只有在节日的时候，才能吃到它，如今它已成为日常必备的面包。在古代，当一家之主过世时，会一同埋葬编织成三层的面包，之后这一贵族习惯逐渐得到普及。

既有奶油面包般的香甜种类，又有其他繁复的口味。

老虎面包（荷兰面包）

　　这是荷兰国内最受欢迎的面包。在烤制之前会在面包胚表面涂上米粉、砂糖、油脂、面包酵母的水溶液，并在表面做出龟裂状。这种外形特点叫人联想到老虎的花纹，所以又称"老虎卷"。它的面包芯细密紧致，口感柔软，适合早餐食用或做成三明治。另外，有的人会在面包中加入乳酪、培根一同烤制。

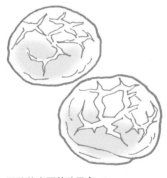

酥脆的表面美味无穷。

瑞士提契诺面包

这是一款瑞士提契诺地区的地方面包，但如今在瑞士全境随处可见。它刚刚出炉的酥脆口感叫人垂涎欲滴。这款面包多被用作早餐。

最初它不使用任何油脂，但现在瑞士制作的该款面包都使用了油脂。

多个小面包相互连接的外形独具个性。

瑞士圣加仑面包

这款面包最初发源于瑞士东部圣加仑地区的修道院，如今已经遍布全瑞士。它表面坚硬，面包芯软糯，口感丰富。其水分较多，易于保存，并且味道十分醇厚。常与煨炖汤等汤品搭配食用。另外，有的人会在面包胚上放入水果干等。

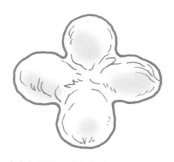

十字架的外形最为典型。

面包，不仅是茶点，更是料理

在欧洲，比起茶点中的面包，用作主食或搭配料理的面包更为主流，如专门用于享受面包原味的面包、与料理搭配食用的面包等。

比如，意大利料理整体盐分较多，则在面包的制作中就会相应控制食盐的加入量。这可以说是在漫长的历史中产生的美食搭配。另外，现在通过便捷快速的网络就可以轻松地从欧洲购买原汁原味的面包胚。

大家不妨自己去创造一些面包的美味吃法。

皇冠面包（凯撒森梅尔）

原产于奥地利的普通小面包。现在主要生产于奥地利、德国，在两国的面包屋随处可见，是早餐的必备面包。其口味清淡，充分体现出小麦粉的特点。有的做法会混合低筋粉制作，但制成的面包胚中谷蛋白含量较低，成品面包潮润。在吃法上，会将其一切为二，中间夹入火腿、香肠等。这种吃法简单便捷，深受欢迎，车站等地均有售卖。

面包表面的 5 条切纹犹如皇帝的王冠。

奥地利咸面包

它是奥地利的代表性面包。其面包胚与皇冠面包类似。因面包表面撒有岩盐而得名。在外形上，既有连续卷曲的细长棒状，又有两端弯折的新月状。

因表面食盐的味觉作用，使其与啤酒相得益彰。

丹麦酥皮糕点

这是乳畜业大国丹麦的代表性面包。在日本等亚洲国家也可见种类多样的丹麦点心面包。因在发酵面胚中加入大量的黄油，所以成品似馅饼般酥松。因内馅、装饰、形状不同，都具有不同的名称。

螺旋小包
将桂皮卷入面包中烤制而成。

节日脆饼
生日等节日时食用的糕点。

黄油小点
黄油点心分量满满。

丹麦黑麦面包

这是丹麦的主食面包，将其作为不夹心三明治是丹麦人的日常吃法。它的装盘色彩极其美观，饱满丰富，不似一般面包。

人们经常会在面包上撒上芝麻。

卡累利阿卷边面包

　　它是芬兰东部卡累利阿地区特有的面包，但现在在芬兰全境都能吃到。以黑麦粉为原料，将面包胚做成船形，并在中间加入粥品，一起烤制。这款零食面包只要稍微加热即可食用。

除了粥品，也可放入土豆泥等。

芬兰面包圈

　　这是一款扁平环状黑麦面包，是芬兰人每餐都会吃到的主食面包。口感潮润，越嚼越有甜味。因其使用了全粒黑麦粉，所以食物纤维十分丰富。

家中的常见吃法为不夹心三明治。

芬兰乡村面包

　　这款面包油脂含量为零，越嚼越能感觉味道深厚。其面包胚中揉入土豆，虽然黑黑的半球形不受喜爱，但有着令人惊讶的味道。特点为浓郁的茴香籽的香气与软糯爽口的口感。

其中黄油与乳酪的搭配相得益彰。

7 | 非洲的面包

在非洲的气候风土下诞生的面包略带辛辣，极富个性，同时又营养丰富，口感奇特。

埃塞俄比亚主食面包（英吉拉）

这是埃塞俄比亚人餐桌上不可或缺的面包。它用生长于埃塞俄比亚高原的画眉草（一种谷类作物）制作而成。因其富含维生素、钙质、铁质等，被认为是健康食品。这款面包略带酸味，用手撕开后，与炖煮食物一起食用。一般情况下，家中会一次性制作三天的食用量。能否烤制出美味的英吉拉，也成为评价主妇是否优良的条件。

埃塞俄比亚画眉草磨成的粉接近于荞麦粉的颜色。

埃塞俄比亚小麦面包

顾名思义，这款面包用小麦粉制成，并加入了香菜与柏伯尔辛料※等香料，成品面包带有辛辣味。

※ 柏伯尔辛料指的是以辣椒为底料，将大蒜、丁香、肉桂、豆蔻、胡椒等近20种调味料混合而成的辛料。它类似于日本的豆酱，用途广泛，既可加入煨炖菜里，也可涂在生肉或面包上。

这款面包富含14—20种香辛料的调和味道，不同地区、家庭中的食用方法也不尽相同。

8 | 美国的面包

美国的面包文化与美国的移民历史息息相关，多样的文化使得美国成为当今世界的面包中心。其中，纽约的面包引领了世界面包的流行趋势。

百吉饼

这款面包十七世纪末流行于犹太人之间，并伴随着犹太人移民而进入美国，发展至今。在烤制之前，会将面包胚过一次热水，这种特殊的做法是百吉饼拥有独特口味的秘诀。另外，百吉饼在低卡路里、低脂肪的同时还具有不错的口感，使其深受纽约人的喜爱，并传播到其他国家。

口感软糯，人气十足。

热狗汉堡面包

法兰克福地区的德国移民将香肠带到了美国，并创新出面包夹香肠的吃法，这便是热狗汉堡面包。面包夹香肠的外形酷似猎獾犬受热吐舌的样子，因而得名"热狗"。热狗面包没有破坏香肠的味道，口味清淡爽口。

便于携带，与户外运动十分相宜。

甜甜圈

将含有小麦粉、砂糖、鸡蛋、乳制品的面包胚制成环状，用油煎炸后，即为甜甜圈。这款面包之所以特意制成环状外形，是为了易于均匀受热。具体可分为使用面包酵母的酵母甜甜圈与使用焙粉的蛋糕甜甜圈。

甜甜圈是美国人的最爱之物。

美国松饼

这款面包使用焙粉膨发，只需将所有材料充分混合后烤制即可。因其操作简便，家中常做。美国松饼种类繁多，如加入水果干或坚果一起烤制等。它也被称为蛋糕松饼。

美国家制点心的典型。

葡萄干面包

美国是葡萄干的产地，所以葡萄干面包也随处可见。因葡萄干易碎，所以要在揉完面包胚之后再加入葡萄干。

高档的葡萄干面包中所用的葡萄干需在朗姆酒中浸泡一晚。

9 | 中南美的面包

中南美保留着多种多样的饮食文化，既有以原产美洲的玉米为主食的饮食习惯，也有来自欧洲各地的移民自留的饮食文化。

玉米粉圆饼

这是墨西哥料理中的主食，是以玉米粉为原料制成的薄饼状面包。这款面包在西班牙殖民统治之前就广泛流行于当地。西班牙人第一次见到玉米粉圆饼时，曾误以为它是西班牙料理中的煎蛋饼。用它卷着智利沙司与肉、蔬菜等喜爱之物做成玉米饼卷的吃法最为有名。

刚刚烤熟的厚度均匀的玉米饼最为美味。

巴西乳酪面包

在巴西，这款面包常用作饭前小食或咖啡甜点。其中的木薯粉使其具有独特的软糯口感。现在在当地家庭中可轻松制作，可根据喜好，加入培根肉或火腿等。

乳酪味与淡盐味的搭配在日本也广受欢迎。

10 | 中近东①的面包

在中近东诸国，烤制面包的历史可以追溯到遥远的古代，这种朴素的味道一直流传至今。

皮塔饼

这是中近东地区城市中主要食用的一种面包。它历史悠久，可追溯到数千年以前。烤炉的上下高温烤制使其中间形成空囊。从中间切开后，放入土耳其烤肉等内馅一起食用。如果中囊未能完美成形，可用小刀划开后，再加入菜码。

英语中也将皮塔饼称为"口袋面包"。

阿拉伯面包

指的是又薄又平的烤制面包，在中近东整个地区都可以吃到。其面包胚主要使用中筋粉，但也会掺入玉米粉、高筋粉或全粒粉等。在制作方法和烤制方法上并无特殊要求，所以不同地区、不同部落都拥有各自的种类，吃法上也多种多样，如在面包上放上肉、蔬菜等，或用面包卷着肉食用等。

使用铁板烤制，成品扁平且薄透。

---

① 中近东：欧洲人对东方各地的称呼，包括中东和近东，泛指从巴基斯坦到埃及一线的亚洲国家和个别北非国家。

土耳其面包

　　这款面包是土耳其的主食面包，经过高温短时间烘烤而成。虽然在味道上会因地区、家庭不同而产生差异，但在口感上通常是外皮酥脆，内里软糯，与番茄、茄子的炖菜料理十分搭配。另外，也有类似皮塔饼的中空类型，中间夹菜码的土耳其面包在当地的小店中可轻易购得。

烤制成熟后的 20 ～ 30 分钟为最佳品尝时间。

伊朗主食面包

　　这款面包仅由小麦粉、酵母、食盐制成。表面酥脆浓香，中间潮润膨软，既可直接食用，也可利用其淡淡的盐味搭配任何料理。另外，也可以夹入菜码做成三明治面包食用。

常常会在面包表面撒上芝麻。

11 | 印度的面包

印度面包简单、味香、有咬劲，与浓浓的咖喱十分相配，并且能够充分激发出咖喱的辛辣口味。

馕

淡淡的甜味与糯糯的口感使馕成为深受人们喜爱的面包类食物。它主要流行于印度、巴基斯坦、阿富汗、伊朗等地区。将面包胚贴在拱顶形的黏土烤炉或圆筒形泥炉内壁烤制，形成了馕的独特外形。用手撕碎后夹着肉类、蔬菜，或蘸着汤品一起食用。

馕的大小会因地区不同而有所差异。

印度薄饼

这是一款平薄的椭圆形全粒粉面包，主要流行于印度、巴基斯坦、孟加拉国、尼泊尔。在食用之前，用铁板将其双面烤熟，带着热气食用最佳。与馕类似，用手撕碎后夹入咖喱或炖菜，或蘸着汤汁食用。因其主食地位，几乎每个家庭都会制作。

由于小麦比米的价格更低，当地人有时会一日三餐都以薄饼为食。

12 | 中国的面包

　　产生于美食大国中国的面包应用广泛，上至宫廷料理，下至老百姓的日常三餐。口味单纯，种类丰富。

馒头

　　馒头是利用小麦粉、水、酵母制作的发酵蒸制面包类食物，具有轻微的甜味。它不需放入其他内陷，可直接同其他料理食用。相同的面胚，不同的外形，名称也会不同，比如花瓣外形的"花卷"等。另外，面胚中也可加入豆馅或肉馅、菜馅，统称为"包子"，与单纯的馒头有所不同。

简单的味道与丰富的中国菜相得益彰。

中国薄饼

　　将未发酵的面胚做成通透的薄饼状，入口有清淡甜味和少许弹性。在中国最具代表性的宫廷料理"北京烤鸭"中，会在薄饼上涂一层甜面酱，放入黄瓜丝与烤鸭皮、鸭肉一起食用。

在吃法上，也可卷入肉或蔬菜等。

13 | 日本的面包

　　诞生于米饭大国的面包极具日式料理风格，口感细腻。其种类丰富，既有副食类点心面包，又有烹饪专用的面包。

夹馅面包

　　1869 年（明治二年）开业的木村屋致力于"制作符合日本人口味的面包"，经过 5 年的研究创新，发明出酒种夹馅面包。在夹馅面包上装饰盐渍樱花瓣，即为"樱花夹馅面包"。

　　现如今，夹馅面包的种类日益多样，如豆馅、豆沙馅，甚至会因时令不同，加入板栗等。在装饰上，多选用芝麻。

这种面包在韩国也被称为"夹馅面包"。

食用面包、角形面包

　　指的是长方形或正方形的面包，特点是柔滑有弹性，入口即化。在日本，食用面包主要被当作主食，对于面包店来说，食用面包的销售情况是很重要的营业指标。参考、分析食用面包的销售额，并依据时代的潮流趋势，或增加面包软度，或提高面包的营养价值，面包师们不遗余力地研究和开发着食用面包。

烤制成熟，刚刚褪去余温时食用最为美味。

纺锤面包

　　指的是适合食堂供给的细长形小面包，一般情况下，所用的面包胚与食用面包相同。纺锤面包整体柔软，口味清淡，让人百吃不厌。所以多用作调理面包，夹着炒面或炸丸子一同食用，也可涂抹果酱或人造黄油，当作小食。因此，无论男女老少，都对纺锤面包爱不释手。

简单的味道与外形反而会突出夹菜的风味。

咖喱面包

　　用面包胚将咖喱夹馅包裹在内，裹好面衣后入油煎炸，即为咖喱面包。这是1927 年（昭和二年）东京名花堂（现为卡特米兰）面包店从炸猪排中获得灵感而研发的面包。之后，其他面包店纷纷效仿并推出不同种类的咖喱面包，迅速席卷日本全国。如今，以烤咖喱面包为代表，日本面包师不断在面包胚或内馅上下足功夫，发明出更多的咖喱面包。这款国外少见的咖喱面包与夹馅面包，并列成为日本的标志性面包。

刚刚炸成的酥脆感与咖喱的辛辣味使其人气爆棚。

甜味伞形面包

这是一款烤制的点心面包，具有柔和的鸡蛋风味。其面包胚不需发酵，利用焙粉或小苏打使其膨发。据说这款面包诞生于明治时代，但其根源可追溯到安土桃山时代从西班牙、葡萄牙舶来的南蛮点心。

独有的圆锥伞形相当有特点，淡淡的甜味使其畅销不衰。

巧克力圆锥卷

这款面包的面包胚辅料极其丰富，加入了鸡蛋、牛奶和油脂，呈海螺般的圆锥外形，在中空部填入巧克力奶油，是典型的小食面包。

中空部也可填入蛋奶冻等。

蜜瓜包

蜜瓜包的来源无明确定论，有的人认为它是从大正时代的德国面包中获得的灵感，也有的人说它来自墨西哥的点心面包。据说在点心面胚上放置饼干面胚烤制，是德国糕点的传统做法。

在日本关西地区，蜜瓜包也被叫作"日出面包"。

14 | 面包的分类

如今，在任何一个地方都可以品尝到世界各地的面包，面包的种类也多达数百种。关于面包的分类，没有统一的标准，根据面包产地、国别、原材料、用途等，有多种多样的分类方法。

"贫瘠的 (lean)" 面包和 "富足的 (rich)" 面包

根据面包所用原材料的不同，大体上可分为"贫瘠的"与"富足的"两类。

- "贫瘠的" 面包

这里的"贫瘠"是简单、朴素、低脂的含义，"贫瘠"的面包指的是只用小麦粉、水、食盐、酵母制作的面包。保留小麦粉原味的法式长面包、欧式主食面包等属于这一类。

- "富足的" 面包

这里的"富足"是材料丰富、内馅有料的含义，"富足"的面包指的是大量使用油脂、鸡蛋、乳制品、砂糖等辅料的面包。奶油面包、点心面包等香甜松软的面包属于此类。

主食面包

【白面包】

白面包是典型的主食面包，将面包胚放入模具中烤制而成。可分为加盖烤制的棱角白面包与不加盖烤制的山形白面包两种。由于主体部分为面包芯，所以口感柔软，方便食用。面包外皮也相对较软。

例：棱角白面包、山形白面包。

【脆烤面包】

　　欧式主食面包大部分都属于此类面包。其中，低脂的原料搭配，不需加盖，直接在烤炉加热板上烤制的一类也被称为直烤面包（烤炉面包）。由于此类面包的外皮焦脆，所以大部分面包酥脆、味美、有嚼劲，并且大部分面包芯也少有水分。

例：法式长面包、法师乡村花边面包。

【螺丝面包】

　　无须放入模具中烘烤的面包。或将面包胚扭卷，或仅是简单的圆形，大小形状多种多样。原料搭配从"贫瘠的"到"富足的"，应有尽有。

例：黄油螺丝包（富足类）、螺丝面包（贫瘠类）、圆面包、小圆面包。

▌料理用面包

　　这里指的是用于盛放或叠夹加工食品的面包，大体上可分为两类：一类是用烤好的面包叠夹食材，一类是用面包胚包裹食材后一起烘烤。白面包中的三明治就是典型的料理用面包，但是一般情况下，三明治会被单独分类。

例：烤荞麦面包、油炸饼面包、玉米蛋黄酱面包。

点心类面包

【甜点面包】

属于零食类面包。根据个人喜好的差异，会在面包胚中加入大量砂糖、内馅、果酱、奶油等辅料。

例：夹馅面包、果酱面包、奶油面包、巧克力圆锥卷。

【酥皮果子饼】

这类面包的面包胚中加入了大量的油脂，口感酥脆爽滑。另外，会在面包胚上点缀不同的装饰物或加入多样的夹馅。

例：西洋梨酥皮饼、羊角面包。

【蒸面包】

这类面包不经过烘烤，直接将面包胚蒸制而成。其形状多样，既有规则的馒头型、三角形或正方形，又有顶部裂开的阿尔卑斯山形。

例：乳酪蒸面包、黑糖蒸面包。

【发酵点心】

利用酵母制作而成的欧式点心。不使用发酵粉等焙粉膨松剂，仅仅依靠酵母的催发作用。

例：意大利节日果子面包。

花式面包

指的是除了各个国家作为基本食物面包以外的所有面包的总称。根据国别的不同，所指的面包也不同。一般认为是指除了常见的白面包、主食面包、餐桌面包以外的食用面包，也多指黑麦、玉米、杂谷、薯类等谷类，或葵花籽类、坚果类、葡萄干、橙皮等食材混杂的食用面包。

例：葡萄干面包、核桃仁面包。

漫谈时间
面包专栏

日本，如今的面包大国

可以毫不夸张地说，现在在日本可以品尝到全世界的面包。日本小麦的年使用量约为 626 万吨，其中，152 万吨用于制作面包（2009 年统计数据）。另外，2002 年日本在面包烘焙世界杯大赛中获得优胜，参照世界整体水平，日本的面包制作技术已经达到世界领先水平。

日本全国范围内，以面包为主的小商户数超过 14000 家（数据出自 2007 年商业统计表）。可见，在日本，面包店的人气居高不下。

第 2 章　练习题

问题1 用面粉、水、食盐、酵母制成的法国面包统称为什么？请从下列选项中选出正确答案。

　　1. 羊角面包

　　2. 奶油面包

　　3. 传统面包

　　4. 咕咕霍夫面包

问题2 意大利的代表性面包——佛卡恰的含义是什么？请从下列选项中选出正确答案。

　　1. 大地的恩惠

　　2. 用火烧烤的食物

　　3. 上神的馈赠

　　4. 灶神

问题3 德国的代表性点心面包——果子甜面包是什么节日的食物？请从下列选项中选出正确答案。

　　1. 元旦

　　2. 复活节

　　3. 建国纪念日

　　4. 待降节

问题4 瑞士面包措奥夫呈什么形状？请从下列选项中选出正确答案。

　　1. 十字架

　　2. 电车（四角）

　　3. 三层编织

　　4. 山

搭配北京烤鸭一同食用的中国面包类食物是什么？请从下列选项中选出正确答案。

1. 馒头
2. 薄饼
3. 花卷
4. 空心饼

 咖喱面包的研发年份是哪一年？请从下列选项中选出正确答案。

1. 1907 年（明治四十年）
2. 1921 年（大正十年）
3. 1927 年（昭和二年）
4. 1950 年（昭和二十五年）

问题7 "贫瘠的"面包是哪种面包的总称？请从下列选项中选出正确答案。

1. 加入牛奶的面包的总称
2. 加入水果干的面包的总称
3. 仅由小麦粉、水、食盐、酵母简单配比的面包的总称
4. 小麦以外脱谷粒面包

答案解析

传统面包主要包括法国长面包、巴黎小子面包等，蘑菇花色面包虽然也使用了相同的面包胚，但通常被叫作"充满想象的新型面包"。（详细内容见第 22 页）

佛卡恰的原型可以追溯到古罗马时期，意为"用火烤制"。橄榄油的微香可激起人的食欲。（详细内容见第 26 页）

德国果子甜面包主要在"待降节"期间制作。面包表面全部用砂糖涂层，可长期保存。（详细内容见第 31 页）

这款面包的名字在德语中的含义为"编织"，顾名思义，是将面包胚进行花色编结而成的。（详细内容见第 34 页）

小麦粉与水混合后，不经发酵制成的平薄饼类食物即为薄饼。通常用薄饼卷入肉类、蔬菜食用。（详细内容见第 46 页）

咖喱面包的灵感来自炸猪排，深受大人小孩的喜爱，是在 1927 年（昭和二年）由名花堂（现今的卡特米兰）研发的。（详细内容见第 48 页）

"贫瘠的"原意为"简单的、低脂的"，加入牛奶、黄油的面包被叫作"富足的"面包。（详细内容见第 50 页）

第3章

制作面包的原料与工具

　　在这一章中，我们将学习面包制作中不可或缺的主材料和丰富面包口味与营养的副材料。在实际制作面包之前，要扎实掌握各种原材料的作用与特征，并备齐制作面包的基本工具。

1 │ 小麦粉（主材料）

　　小麦粉是制作面包的主要材料，其中富含碳水化合物、蛋白质、脂质三大营养素。特别是蛋白质的特性对于面包制作有着重要的作用。

小麦的构造

　　按照平均数据来看，小麦粒是长约 6.2 毫米、宽约 2.8 毫米、重约 0.03 克的小粒。构造大致分为：胚乳、表皮（麸）、胚芽三部分，剥除表皮与胚芽的胚乳部分即为小麦粉。

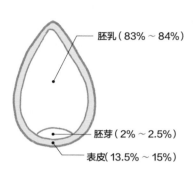

胚乳（83% ～ 84%）

胚芽（2% ～ 2.5%）

表皮（13.5% ～ 15%）

小麦粉的成分

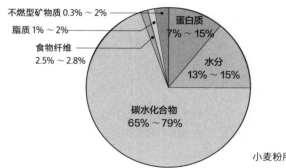

不燃型矿物质 0.3% ～ 2%

脂质 1% ～ 2%

食物纤维 2.5% ～ 2.8%

蛋白质 7% ～ 15%

水分 13% ～ 15%

碳水化合物 65% ～ 79%

小麦粉所含成分比例图

【蛋白质】

　　小麦粉中含有的蛋白质包括麦谷蛋白与麦胶蛋白。以 100 份小麦粉为标准，加入 60% ～ 70% 的水后，充分糅合，以上两种蛋白质相互结合，可以生成网状构造的谷蛋白，这是小麦粉的最大特点。这种谷蛋白在面包制作上担任了最重要的角色。（谷蛋白的作用见第 60 页）

【碳水化合物】

小麦粉中的碳水化合物主要由糖类构成。其中大部分为淀粉，也包含少量的低聚糖类。淀粉与部分低聚糖在发酵面包胚时，作为酵母的营养成分被分解，并转化为酒精与二氧化碳，使面包胚膨发，并润滑谷蛋白。

【水分】

小麦粉中含有的水分可分为两类：一类是来自小麦本身的水分，另一类是在制粉过程中添加的水分。一般情况下，冬季小麦粒变硬，则加水较多；夏季则相对加水较少。

【脂质】

脂质属高热量物质，在提高食物味道的同时，也发挥着搬运维生素的作用。小麦中 2%～4% 的脂质，几乎都贮存在胚芽和表皮中，经过研磨成小麦粉后，剩余约 1%～2%。胚芽中的脂肪酸多为人体内无法由其他脂肪酸合成的必需脂肪酸。

【不燃性矿物质】

不燃性矿物质指的是钾、铁、镁等食品中无机质的含量。不燃性矿物质与脂质一样，多存在于胚芽与表皮当中。小麦粉的等级用不燃性矿物质的量进行划分。

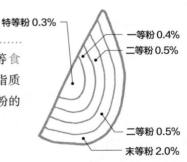

特等粉 0.3%
一等粉 0.4%
二等粉 0.5%
二等粉 0.5%
末等粉 2.0%

【食物纤维】

小麦粉中包含 2.5%～2.8% 的食物纤维。其中，具有利于通便、吸附并排除有害物质的不溶性食物纤维占 1.3%～1.6%，具有抑制血糖快速上升、降低胆固醇功效的水溶性食物纤维占 1.2%。

小麦粉的性质

【 谷蛋白的作用 】

　　小麦粉中的麦谷蛋白极富弹力，不易拉伸，而麦胶蛋白黏着力较强，极易伸缩。在小麦粉中加水糅合后，具有相反特性的麦谷蛋白与麦胶蛋白相互缠绕，形成了兼具弹力与黏性的谷蛋白，构成面包胚。再在捶打面包胚的物理作用下，谷蛋白包裹着小麦粉中的淀粉粒与气泡，成为网目状的组织，而展现出特有的伸展性能。

　　另外，面包烤制过程中，面包胚的中心温度达到 85 ～ 96 摄氏度时，谷蛋白因热变性，结团凝固（见第140 ～ 141页），进而形成面包的结实骨架，即使温度降低，也可保持原有的形状。

【 影响谷蛋白合成的淀粉的作用 】

　　合成谷蛋白的蛋白质是面包制作中不可缺少的物质，但碳水化合物中饱含的淀粉也发挥着非常重要的作用。淀粉的作用在于既能够适当地阻碍谷蛋白的结合，使面包胚光滑，也可在加热过程中，从谷蛋白中夺取水分，使其凝固。另外，淀粉被酶分解，成为酵母的营养来源，有助于面包胚的膨胀。淀粉与谷蛋白有着千丝万缕的联系，缺少任何一方都会使面包制作出现缺陷。如果将面包比作建筑物的话，那么谷蛋白就是顶梁柱，淀粉就是四周的墙壁。

【加水或加热后，状态发生变化】

小麦粉根据加水量或副材料的不同，也会变化为多种多样的状态。如果增加水量，就会形成类似蛋糕的黏稠面胚（面糊）；如果减少水量，就会变为类似面条的干巴面胚。人们充分利用小麦粉的这种活性，根据个人的饮食喜好与习惯，广泛用于各种料理当中。

水分的比例	水分或辅材料	加水的方法	用例
60%～70%	水	揉	面包胚
45%	水	揉	面条胚
等量	黄油	炒	黄油面酱（焖炖菜、沙司）
2 倍	水、鸡蛋	搅	油炸用面糊（制作天妇罗等的面胚）
5～20 倍	水	搅	糊

【易于吸附气味】

小麦粉能够轻易吸附气味，所以便于在其中加入香味。但是，它也易于吸附不好的气味，所以，要避免将小麦粉放置在有异味的地方。

【小麦粉中含有的酶】

小麦粉中含有数种酶，其中最重要的是分解淀粉的淀粉酶与催化蛋白质水解的蛋白水解酶。在淀粉酶中又包括将淀粉分解为糊精（略有甜味，一溶于水就会释放出黏性）的 α- 淀粉酶，与将糊精分解为麦芽糖的 β- 淀粉酶两种。蛋白水解酶能够分解蛋白质，产生出美味成分氨基酸。

小麦的种类

根据胚乳的硬度差异，小麦可分为硬质小麦与软质小麦。硬质小麦主要被加工成高筋粉，软质小麦被加工成低筋粉。

小麦的种类	蛋白质含量	主要产地
硬质小麦	多	美国、加拿大、澳大利亚、日本
软质小麦	少	美国、日本

小麦粉的分类

一般情况下，小麦粉根据其中的蛋白质含量进行分类，并根据不同的用途分别使用。在面粉加工时，通常会将蛋白质含量不同的小麦进行混合，调整面粉的筋度。

小麦粉	蛋白质含量	颗粒大小	用途例
高筋粉	11.5% ～ 13.5%	粗粒	面包
准高筋粉	10.5% ～ 12.0%	粗粒	意大利面
中筋粉	8.0% ～ 10.5%	细粒	乌冬面
低筋粉	6.5% ～ 8.5%	超细粒	蛋糕

【 高筋粉 】

蛋白质含量最高的高筋粉能够形成强韧的谷蛋白，十分适合用来制作面包。现在市面上常见的高筋粉，主要产自美国或加拿大，一经烘烤，就极富弹力，所以多用来制作主食面包或螺丝面包，不适合制作点心面包。近来，日本国产高筋粉日益增多，但与进口粉相比，谷蛋白含量较少，在使面包膨发上效果稍逊，但可用来制作口感较硬实的面包。

【 准高筋粉 】

准高筋粉大多产于美国、法国，因其谷蛋白黏着成分接近中筋粉，所以其最大特点是，相比体积、分量感，面粉原本的味道更加突出。准高筋粉一经烘烤，面包表面就会干硬酥脆，所以十分适合用来制作法国面包等硬面包，进而也被称为"法国粉"。另外也可用于制作中华面条、干拌意大利面等。

【 中筋粉 】

中筋粉主要用原产澳大利亚、日本的小麦加工而成。其谷蛋白特性较弱，但加热后，成品湿润软糯，经常被用作乌冬面原料。另外，也可用于制作兼具重量与口感的面包。

【 低筋粉 】

低筋粉主要用原产美国的小麦制成。因其谷蛋白黏着成分较少，即使面胚加热后，膨发状况也不理想，不适于制作面包。低筋粉蛋白质含量较少，成品口感细腻，适用于制作蛋糕、糕点等点心或天妇罗面糊等。

特殊的小麦粉

【小麦全粒粉】

　　小麦全粒粉指连同表皮与胚芽，将小麦整体细磨的产物。与小麦粉相比，其营养价值更高，维生素、必需氨基酸、食物纤维含量丰富。常常会用小麦全粒粉替换部分小麦粉，来制作面包、饼干、谷类食品等。虽然单用小麦全粒粉也可制作面包，但其中表皮与胚芽的含量较高，导致面包胚中谷蛋白易被硬壳等破坏，所以成品面包不会膨发，口感较为坚硬。

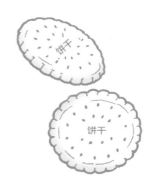

【小麦胚芽】

　　小麦胚芽中富含的营养物质多种多样，既有可作用于肠道，改善便秘症状的食物纤维，又有维生素 E、维生素 B1、维生素 B2、维生素 B6 等多种维生素，钙、铁、镁等矿物质。小麦胚芽可切断谷蛋白的黏性，所以，加入面粉量五成以上的小麦胚芽后，成品面包将不会膨发，但如果加入一成左右的小麦胚芽，反而会使面包风味出众。

【硬小麦粗粉】

　　是指将硬粒小麦粗磨的产物，也可简称为"粗面粉"。其特点为硬度超高，颜色发黄，几乎所有的粗粉都可用作意大利面

的原料。硬粒小麦的谷蛋白性质与其他小麦的不同，所以不适合制作面包，但可利用其特有的风味，替换一部分小麦粉，来制作比萨、佛卡恰等。

小麦粉以外的粉物

【黑麦粉】

黑麦粉的魅力在于其独特的酸味与甜味。将黑麦粒全部磨碎的黑麦粉富含食物纤维、铁元素、维生素 B 群、磷元素等，可以说是极其健康的食材。由于黑麦粉不会形成谷蛋白，所以与小麦粉面包相比，在膨发、湿润口感上欠佳。但因其密度高，水分流失少，便于长期保存。对于亚洲人来说，口感适宜的黑麦面包配比是 70% 小麦粉配 30% 的黑麦粉。

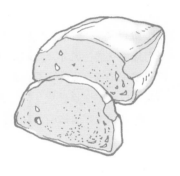

【米粉】

将米制粉后的产物即为米粉，主要用粳米或糯米制作。如果在制作面包时，加入适量的米粉，会使面包口感更加软糯，所以被用于制作面包圈、夹馅面包等。由于米粉中不含有麦谷蛋白与麦胶蛋白，所以仅用米粉制成的面包难以成形，不易膨发，分量较重。但是，对于对小麦粉过敏的人群来说，米粉制成的面包和点心是令人欢喜的选择。

2 | 酵母 （主材料）

酵母的重要作用在于发酵，使面包膨发，是面包制作过程中不可缺少的原材料。

酵母是什么

酵母是在适宜的温度与湿度下可以发酵的真菌。它以糖分为营养成分，一旦接触水分，就开始发挥作用。面包制作中主要使用的酵母为酵母粉（见第68、69页）与天然酵母（见第70、71页）。

酵母粉在低温环境中，处于休眠状态，在30～50摄氏度的条件下，活力最为旺盛。另外，其耐热性较差，当温度达到60摄氏度时，就会死亡。酵母属于生物，需要注意的是尽量使用新鲜的酵母。酵母保存多选用冰箱，原则上以0～3摄氏度为宜，最高不要超过10摄氏度。如果直接放在室温中，酵母会因呼吸作用而发热，发酵效力减弱。

酵母的结构

发酵指的是酵母活动产生的一系列变化与现象。活动中的酵母会凭借自身携带的酶将面包胚中的蔗糖与淀粉分解为葡萄糖与果糖。酵母将这些作为主要营养来源摄入体内，生成碳酸气体、酒精、有机酸等后，排出体外。面包胚在发酵过程中膨发，就是碳酸气体的作用。发酵中特有的酸味香气，就是酒精与有机酸释放的物质。

碳酸气体　　酒精

果糖　　葡萄糖

酵母的作用

【 发酵分解糖分 】

　　酵母一旦发酵后，就会使面包胚中的糖分（小麦粉中的糖类、添加的副料糖类，以及小麦中破损淀粉释放的糖类）分解，产生碳酸气体（二氧化碳气体）、酒精、脂类等。

【 碳酸气体是膨发的关键 】

　　碳酸气体会形成小气泡，被面包胚中合成的谷蛋白包裹。之后，随着温度的上升，碳酸气体膨胀，从面包胚内部将面包胚撑大延展，创造出面包特有的品相与口感。

　　即使中途揉碎面包胚或释放气体，碳酸气体也会多次产生。

　　面包在烤炉中烘烤时，仍在不断膨胀。通过加热面包胚，面包胚中的碳酸气泡膨胀变大。逐渐地，随着继续加热，酵母死亡，谷蛋白与淀粉停止膨胀，完成固化，成为膨松与厚重感兼具的面包。

酵母粉

酵母粉是指用被称为糖蜜的砂糖液为营养成分的培养液纯粹培养出的酵母。1 克生酵母粉中，大约有 100 亿～ 200 亿个酵母细胞。酵母粉常被用于面包制作的酵母。

酵母粉的种类

【生酵母】

生酵母是酵母粉的原始状态。如名所示，它是生的酵母，一般可在冰箱中保存两周左右。所以，它不适合那些不经常做面包的家庭。生酵母一旦加入甜点、奶油蛋糕等糖分较高的面包胚中，发酵速度会大大提高，所以，面包店将生酵母视为宝物，深受面包界人士的喜爱。如果要用生酵母替代速成干酵母，则需要加入三倍的量。

【干酵母】

干酵母是将生酵母干燥处理，控制水分后的产物，可以长期保存。干酵母相较速成干酵母颗粒较大，呈圆球形。在使用前，要进行预备发酵处理，从而激发出与速成干酵母不同的小麦本身的香气与味道。

【速成干酵母】

速成干酵母是将干酵母加工改良后的产物。颗粒干爽，可直接与小麦粉混合使用。除此之外，在制作酵母液时，它易溶于水，十分方便。因其便利的优点，被广泛地应用于家庭面包制作中。

【干酵母的预备发酵】

❶准备约为干酵母 5 倍量※的温水，即 40～42 摄氏度（这里所使用的温水包含在原料的分量中）。

※ 在预备发酵处理中，温水的加入量会因酵母制造商的不同而不同，要严格遵守包装上的要求。

❷向❶中加入约为温水量 5% 的砂糖，并使其溶解。

❸将酵母稳稳放入❷中，并轻轻搅拌，使其溶解，保证酵母没有任何结块的部分。

❹放置大约 20 分钟，因为发酵作用会使表面咕嘟咕嘟地浮出小泡，所以要充分搅拌溶解。

Q&A
关于面包
的问与答

Q 干酵母的使用期限有多长？

A 干酵母开封后，密封冷藏保存的话，可保存半年左右。如果不经常使用，也可以密封冷冻保存。判断久放的干酵母能否继续使用的方法是：在干酵母中加入 2～3 倍的温水与砂糖，静置一段时间后，如果表面冒泡，则证明未丧失发酵作用。

天然酵母

天然酵母（自然发酵种）是指以水果、小麦粉、啤酒花果实等为培养基，在其上的菌类经过培养形成的酵母。因天然酵母不添加任何物质，所以对身体有益无害。

天然酵母对温度的变化十分敏感。特别是耐高温性较弱，一旦温度高于 60 摄氏度，天然酵母就会死亡。所以在使用天然酵母时，要格外注意温度的控制。

天然酵母的种类

天然酵母根据原料（培养物）的不同，可以分为多种类型。所以，要依据所制作面包的特点，选取风味、素材合适的酵母。在这里，仅简单介绍其中的一小部分。

【酸种】

酸种是一种主要用于黑麦面包的发酵种。酸种中存在活的乳酸菌，能够抑制杂菌的繁殖，创造出适宜酵母存活的环境。

【老面种】

老面种能够唤醒全粒粉中所有的菌群。除了全粒粉，也可混合黑麦粉制作酵母种。使用老面种，能够制作出酸味与甜味、香气绝佳搭配的法国面包。与酵母粉相比，老面种发酵作用较弱，制作出的面包胚发黏。

【酒种】

酒种同酒一样，是利用米与曲子发酵而成的酵母种，主要用于制作夹馅面包。表皮薄、口感柔软是其最大特点。另外，它的优点还在于因其中曲子的香气，以及糖分较多，所以制成的面包老化迟缓。

【 家庭制作的酵母 】

将谷物、水果与水放入密闭容器中，使其发酵后，就可以自己动手制作酵母了。除了下表所列之外，蔬菜、花、叶（香草）也可作为酵母使用。

酵母名	原料	发酵能力	特征	适合的面包
葡萄干种	葡萄干 + 糖分	与酵母粉相比较弱	具有葡萄干的风味与柔和的甜味	与水果干类相配的面包
啤酒花种	啤酒花 + 米曲	比较稳定	略带苦味和酒精臭味，味道较淡	简单纯粹的面包
果实种	水果 + 糖分	稍弱	具有果香与微甜味	点心面包等
酸奶种	酸奶 + 高筋粉 + 糖分	强	带有爽口的酸味	法国面包、法国乡村花边面包

漫谈时间
面包专栏

家庭简易制作天然酵母面包

最近在日本，干燥型的 HOSHINO 天然酵母（原料为小麦粉、米、酵母、曲子）、白神 KODAMA 酵母（原料为获得监管部门许可，在世界自然遗址指定区域内采集的腐叶土）在市场上很流行，它使得人们自己在家就可以制作天然酵母面包（右面照片为日本家制烹饪协会出售的原始酵母）。

3 | 水（主材料）

　　水在面包制作过程中不可或缺。在所有的工序中，水都具有重要的作用，并且对其他材料也有着催化作用。

水的作用

- 调节面包胚温度

　　面包胚的温度很大程度决定面包的成色。通过水温的调节，可以创造出适宜面包胚发酵的温度。

- 形成谷蛋白

　　谷蛋白在无水条件下无法生成。另外，通过观察状态、调节水量，可以控制面包胚的硬度。

- 促进酵母粉发挥作用

　　将糖分溶于水中，会释放出酶，促进酵母粉发挥作用。

- 被淀粉吸收，使淀粉发挥作用

　　在面包烤制成熟过程中，水作用于淀粉，使其膨发，让面包膨松。

- 充当砂糖、食盐等的溶剂

　　将砂糖、食盐加入水中溶解，便于其他原料的扩散。

面包制作过程中的水量控制

提到面包制作失败的理由，其中最多的是"水量控制出错"。那么，水量过多或过少对面包胚以及成品会有怎样的影响？

请参照下表，注意正确控制水量。

工序内容	最佳水量	水少的情况	水多的情况
面包胚制作	面包胚结实、有光泽	面包胚温度易上升，面包胚较硬	面包胚温度不易上升，面包胚软塌发黏
发酵	面包胚蓬松、有张力	面包胚易断，难成形	面包胚发黏
烘烤后	成色、大小、切口各方面良好	偏小，形状歪倾	不膨发，形状不统一
口感	面包外皮、面包芯口感良好，味道深厚	表皮坚硬，面包芯干燥	面包要么粘连，要么干巴

Q&A 关于面包的问与答

Q 面包中加入的水可以直接使用自来水吗？

A 在日本的家庭中制作面包的话，所有程序都可以使用自来水。将水中含有的钙、镁离子的量换算成碳酸钙的量之后得到"ppm"值。根据"ppm"值，将水分为"软水"与"硬水"。在面包制作中，数值较低的"软水"可以很好地诱发谷蛋白，而数值较高的"硬水"在提取谷蛋白上较为缓慢。

从这些分析来看，日本的自来水接近于软水，适于制作面包。另外，碱性水会妨碍发酵过程，不适合面包制作。

4 | 食盐（主材料）

食盐是决定面包味道的关键原料，另外，它在面包制作过程中，就像幕后英雄一样，在保证底味的同时发挥着重要的作用。

食盐的作用

• 减缓酵母的活动

食盐自带的吸湿性可以吸引面包胚中的水分，从而减缓酵母的活动。因此，如果加入过量的食盐，酵母的活动就会被抑制，面包无法有一定的体积；如果不加食盐，则会发酵过快，面包胚轻飘。

• 使面包胚中的谷蛋白处于紧张状态

适度地控制面包胚中的谷蛋白，使其坚固，能让发酵中形成的碳酸气体具有很好的持久力。这样一来，既可以使易松垮的面包胚富有弹力，又能让面包孔更加细密，面包内色泽白润。

• 抑制杂菌、有害物质，防止其繁殖

食盐可防止杂菌的繁殖，即使是长时间发酵的时候，也可以去除因发酵异常而产生的臭味。此外，食盐还可以抑制小麦粉中妨碍酵母发挥作用的物质，从而保护酵母。

• 调和味道

食盐能够给面包提供基本味道。如果不加盐，那制作出的面包口味较为寡淡。

• 使面包成色更好

食盐具有减缓糖分消耗的作用，所以会残余部分糖分，从而使面包的焦糖成色更好。

食盐的种类

现在市场上流通的食盐种类繁多，但大体上，可以分为精制食盐与天然盐（自然盐）两类。选用二者中的哪一种都没有问题，但天然盐之一的粗盐富含矿物质与盐卤，口味柔和，能够充分激发面包的美味。

无论是精制食盐还是天然盐，都具有善于吸附空气中湿气的特性。吸收湿气的食盐重量会有所增加，同是称 10 克的食盐，干燥的食盐与含有湿气的食盐在成分上会有所差异。所以，要尽量使面包制作中所用食盐干燥，保持一定的品质。

另外，如果事先在烤盘中快速空烤之后再正式开始制作面包，那么因湿气而造成的重量、盐分差异，以及成品口味不均就会消失，烤炉也会用着顺手。

不加盐，能否制作面包

如果在面包制作过程中忘记加盐，又会怎样呢？

首先，在面包制作过程中，面包胚会异常发黏，如果任其如此发酵下去，面包胚虽然会比普通状态有所膨发，但其连接性差，所以，碳酸气体的持久力较弱，面包很快就会萎缩。这样一来，如果想要让松垮发黏的面包胚成形，即使在二次发酵中膨发，但在烤炉中的最终膨发效果不佳，成品也无焦色。如此制成的面包，可想而知，既无盐味，更不用说独特风味。

相反地，如果加入过多的食盐，面包胚则无伸展性，不仅会不断缩小，而且发酵时间大大加长。烤好的面包坚硬，盐味盖过面包风味，何谈美味？

5 | 砂糖（副材料）

　　众所周知，砂糖是一种甜味剂，但砂糖在面包制作中的作用远不止于此。让面包呈现湿润、蓬松的状态并得以保持香气的秘诀，就在于砂糖。

砂糖的作用

- 酵母的营养来源

　　砂糖是发酵时酵母的营养来源。小麦粉中含有的少量棉子糖（1.2%），虽然在面包胚中能够直接发酵，但如果砂糖不被酵母自带的酶分解为碳酸气体与酒精，那酵母就无法参与发酵。被分解的碳酸气体使面包胚膨发，酒精使谷蛋白软化，进而产生香气。砂糖作用效果最佳的量为总原料的5% ~ 6%，高于或低于该值都会减弱面包的膨发效果。

- 为面包增加甜味

　　像夹馅面包、黄油螺丝包、甜面包圈等这类面包，为了增加甜味，会多加砂糖；若只为丰富底味，则会少加砂糖。

- 延缓面包老化

　　砂糖的保湿性能可以给予面包湿润感，使面包保持柔软的口感。

- 给面包增加焦糖色

　　面包胚经过烘烤后，会带有黄褐色的焦色，但这种焦色不仅仅取决于烘烤温度与时间，由砂糖合成的牛奶糖（焦糖）也有助于面包最终成色。

与面包匹配的砂糖选择

面包制作中使用的砂糖基本上是白糖。绵白糖无特殊味道，非常适合香味十足的面包。洗双糖、红糖中含有矿物质，有独特的味道，可根据个人喜好选择使用。

砂糖（糖）的种类	主材料	优点	适用的面包
上等白糖	原料糖	口味甘醇，无异味	所有面包
绵白糖	甜菜	甜味清淡爽口	锡兰肉桂螺丝包、罗勒叶面包
三温糖	粗糖、糖蜜	特有的风味与强烈的甜味	百吉饼
黍糖	黑糖	去除苦味与涩味的柔和甜味	蒸面包
红糖	甘蔗	甘蔗原有的柔和甜味	天然酵母面包、百吉饼
黑糖	甘蔗榨汁	特有的醇厚风味	黑糖面包、黑糖蒸面包
蜂蜜	花蜜	甜味醇厚柔和	法国乡村花边面包、黑麦面包
洗双糖	甘蔗	富含维生素、矿物质的自然甜味	天然酵母面包

如果砂糖加多了，会出现什么状况

一般来说，面包制作过程中砂糖的量是小麦粉分量的 5% 左右，一旦超过 20%，就会抑制酵母的活动。像夹馅面包、点心面包等，砂糖的使用量约相当于适量的 5 倍，即 25% ~ 30%，既可以增加甜味，延缓老化，又可提高口感。但因为渗透压的上升，阻碍了酵母的活动，并且面包上表面难以膨发，容易焦煳。所以，在制作含糖较多的面包时，更需要下足功夫，或按照比例增加酵母粉的量，或加长发酵时间，或使用耐糖性的酵母粉等。

6 | 油脂（副材料）

油脂的作用在于增加面包的风味和减缓面包老化，对于主食面包、黄油螺丝包是不可或缺的原料。

▌油脂的作用

- 减缓面包老化

  油脂有防止水分蒸发、减缓面包老化的效果。

- 提高面包胚的伸展性

  油脂可加强碳酸气体持久力，改善面包膨发效果，扩大面包的体积。

- 使面包胚更易成形

  面包胚中加入油脂后，其可塑性（因外力改变形状、保持形状的性质）增强，便于用面杖擀压，便于成形。

- 使面包柔软

  油脂能使面包芯与面包皮柔软，成品纹路细致，富有光泽。

- 提高面包风味

  油脂可为面包添加特有的香气、口味与风味，并提高口感。

- 充当面包胚的润滑剂

  油脂使得面包成熟后的切片工序更加便利。

添加油脂时的注意点

• 糊状使用

　　油脂要在常温状态下使用。如果油脂过于坚硬，或加热后变为液态使用的话，就有可能使得油脂无法与面粉充分调和或分离。

• 不可将酵母粉与油脂一起混用

　　油脂可在酵母粉表面涂层，破坏其活性，所以要十分注意不可将二者一起混用。

• 添加油脂的时机

　　一定程度上，在糅合面包胚，谷蛋白形成的时候添加油脂最为适宜。在铺展开的面包胚上，沿着谷蛋白的走向，涂抹油脂，充分揉入面包胚，既可缩短揉面时间，又可更加强化谷蛋白。

• 适当的使用量

　　如果制作主食面包，油脂的最佳使用量为小麦粉的 3% ～ 6%。如果加入量多于最佳使用量，需格外注意面包胚的温度与发酵温度。油脂加入量15% 的黄油螺丝包、60% 的奶油面包等，体积感虽较差，但口感湿润软糯；相反，完全不加油脂的法国面包则是咬劲儿十足。

油脂的保存办法

　　为了防止油脂酸化，油脂要在冰箱中保存。大量购入时，可密封冷冻保存，但即使未过保质期，越早使用，风味越足。另外，油脂极易吸附气味，所以尽量不要与气味强烈的食材放置在一处。

油脂的种类

【黄油】

　　将牛奶中含有的乳脂肪浓缩凝固后的动物性油脂即为黄油。可分为无盐（不含食盐）与含盐两种，在制作面包时，选用有风味无异味的无盐黄油。如果使用含盐黄油，且不调整食谱中食盐的分量，就会使制成的面包咸味较重。

　　在制作羊角面包或丹麦酥皮果子饼的时候，将薄片状的黄油均匀抹平在面包胚上，并将面包胚向里折入，面包胚之间的黄油融化，形成多层面包胚，使得成熟后的口感酥脆爽口。

【起酥油】

　　起酥油为无味的植物性油脂。相比黄油，起酥油无特殊味道，口感更加清爽，所以广泛用于各种面包的制作。另外，起酥油也具有使面包不焦煳而有光泽的特性，所以可将其涂在面包表面使用。对于模具烤制的面包，为了使面包容易脱模，也会在模具内侧涂抹起酥油。

【人造黄油】

人造黄油是以大豆油、玉米油为原料制成的植物性油脂，是在 19 世纪法国黄油不足之际，作为黄油替代品而被发明的。虽然人造黄油的营养价值、风味、醇香等逊于黄油，但价格低于黄油，常用于制作点心面包等。另外，人造黄油可分为食用油脂含量 80% 以上的高脂肪人造黄油与不足 80% 的低脂肪人造黄油。

【猪油】

猪油是以家猪油脂为原料精制的动物性油脂，也被叫作大油。猪油有特殊的醇香口味，用于制作面包，会产生酥爽的口感。但是，猪油稳定性欠佳，不能保存较长时间，使得其在家庭使用中稍显费事，所以，在面包制作中多用起酥油代替猪油。

【色拉油、橄榄油】

色拉油与橄榄油都为植物性油脂，经常用于制作佛卡恰或比萨等。色拉油相对无特殊气味，做出的面包潮润；橄榄油则会形成特殊的风味。这两种油脂均为液体，在使用时，要适当调整食物中的水量。

7 | 乳制品（副材料）

在制作湿润、"富足系"面包时，乳制品是发挥重要作用的原料。牛奶、脱脂奶粉不仅仅会影响面包的品质，更会提高面包的营养价值。

乳制品的作用

- 强化面包营养

   面包制作过程中，加入高营养的乳制品，会大大增加面包的蛋白质与无机质成分。

- 改善面包成色，提高面包吐司性能

   乳制品中含有的乳糖能使烤好的面包表面焦糖化，进而呈现促进食欲的成色。相同道理，在面包切片时，其吐司性能也会得以提高。

- 减缓面包老化

   乳制品可改善油脂的分散性，并与淀粉结合，减缓面包老化。

- 优化面包味道与香气

   乳制品中的乳糖带有甜味，可以增加面包风味。

- 延缓发酵

   乳制品中的脂肪成分可在谷蛋白表膜涂层，延缓面包胚发酵。

- 舒缓面包胚，控制面包体积

   乳糖与脂肪成分具有舒缓面包胚的作用，所以，乳制品可使面包芯柔软，纹路细致均匀。

乳制品的种类

【生乳】

生乳指的是直接挤取的、不经过任何加工的牛或山羊鲜奶。生乳可作为牛奶等乳制品的原料,但各个国家都有相关法令,规定生乳必须进行杀菌等一系列细致检查,所以,生乳是不可以直接售卖给顾客的。

【牛奶】

将生乳加热杀菌后的产物即为牛奶。一般规定无乳脂固体成分 8.0% 以上,乳脂成分 3.0% 以上,并禁止添加水、矿物质等添加物或去除原有成分等。不能满足上述规定,加工生乳或乳成分的产物则为加工奶,与这里的牛奶区别而论。牛奶与其他乳制品一样,加入面包中会提高面包营养、改善成色等。

【脱脂奶粉】

将全乳浓缩后,脱脂脱水后的产物为脱脂奶粉。脱脂奶粉中含有大量的蛋白质、钙元素、乳糖等,营养价值高,保存性能强。因脱脂奶粉与牛奶相比,可长期保存,且不受地点限制,所以其在乳制品中,利用极为便利。但在面包制作过程中,要注意以下两点。

- 脱脂奶粉易吸附湿气,使用时要注意不要在空气中暴露过久。
- 奶粉一溶于水,容易形成未化开的粉疙瘩,所以要事先与小麦粉、砂糖等粉类混合。

【乳清粉】

所谓乳清粉为富含优良营养素的乳清,即牛奶的水溶成分粉末化的产物。乳清粉中含有大量的水溶性蛋白质、乳糖、水溶性维生素、矿物质成分等,营养价值高,具有良好的特性,适用于制作面包。

牛奶的杀菌方法

　　牛奶在送到我们手上之前，必须要经过加热杀菌处理，以防细菌繁殖。现在日本国内进行牛奶杀菌的方法如下表。

杀菌方法	温度	时间	特点
低温持续杀菌法	62～65摄氏度	30分钟	此杀菌方法可保留牛奶丝滑香甜的口感，且可提高乳酸菌等益生菌的活性。
高温短时间杀菌法	72～75摄氏度	15秒	欧洲各国最常用的杀菌方法。能将牛奶中的成分变化控制在最小范围，也可使益生菌（乳酸菌等）保持活性。
超高温杀菌法	120～140摄氏度	1～3秒	此杀菌方法多见于日本，可杀死包括益生菌在内的牛奶中的几乎全部细菌，进而可长时间保存其品质。

※ 表中的温度与时间根据生产商的不同会有差异，表中数据仅为大概标准。

乳制品提高面包成色的原理

　　牛奶中的糖类大部分为乳糖，乳糖可被乳糖酶分解为半乳糖和葡萄糖，但面包胚中不含有乳糖酶，所以乳糖可原封不动地保留在面包胚中。这些余糖（乳糖）经过加热，发生焦糖化反应，进而使面包成色得以提高。

热量

乳制品的保存方法

新鲜的乳制品味道、香味都十分出众，但保质期较短，是十分脆弱、精致的食材。在乳制品的保存上，要注意以下几点。

- 牛奶、生奶油等极易腐坏，必须放入冰箱保存。
- 乳制品易吸附周围环境气味，应用密闭容器保存，气味强烈的物品勿放置于近旁。
- 脱脂奶粉、乳清粉等粉状乳制品一旦吸入湿气，易形成粉疙瘩，会造成奶粉发霉，所以要避免开封放置。

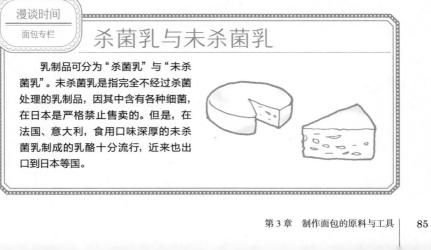

漫谈时间
面包专栏

杀菌乳与未杀菌乳

乳制品可分为"杀菌乳"与"未杀菌乳"。未杀菌乳是指完全不经过杀菌处理的乳制品，因其中含有各种细菌，在日本是严格禁止售卖的。但是，在法国、意大利，食用口味深厚的未杀菌乳制成的乳酪十分流行，近来也出口到日本等国。

8 | 鸡蛋（副材料）

在面包胚中加入鸡蛋，可以大大增加面包的风味与口感。另外，烘烤前，在面包表面涂抹蛋液会使表面光亮。

鸡蛋的构造

鸡蛋由蛋壳、蛋白、蛋黄三部分构成，其营养成分与特征如下文所述。

【蛋白】

蛋白占鸡蛋整体的57%，含有蛋白质、钠、钙等元素。蛋白中含有的蛋白质受热后会发生凝固变化，所以，添加蛋白较多的面包烤熟后口感较硬。

【蛋黄】

蛋黄占鸡蛋整体的32%，含有蛋白质、脂质、铁元素、维生素 A 等多种营养物质。将蛋黄加入面包胚中，蛋黄中的类胡萝卜素参与并发挥着色功能，使得面包成色诱人，增加食欲。

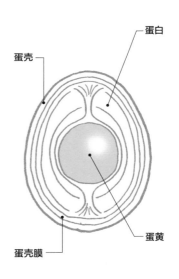

蛋白

蛋壳

蛋黄

蛋壳膜

鸡蛋的作用

• 提高面包营养

鸡蛋中除了含有必需氨基酸的优质蛋白以外，还富含维生素 A、铁、钙等营养物质，是营养价值均衡配比的食物，可以说是"全营养食品"。所以，在面包中加入鸡蛋，必然会使面包在营养层面达到强化。

- 改善面包口感与风味，提升表面亮色

在面包胚中加入鸡蛋，会使面包口味柔和，面包芯呈现诱发食欲的嫩黄色，面包皮呈现恰到好处、带有光泽的黄褐色。比如在制作奶油面包、黄油螺丝包时，用刷子在表面涂抹蛋黄，就是为了形成良好的焦色与光亮。

- 延缓面包老化

蛋黄中含有的脂质之一卵磷脂具有延缓乳化性与老化的作用。所以，加入了鸡蛋的面包松软、体积大，蓬松柔软的口感可保持多日。

▌配比上的注意点

- 以小麦粉 100 份为基准，加入 30% 的全蛋后，面包胚的粘连性能变差，所以，这种情况下，只选择使用蛋黄。
- 在制作面包胚时，如果加入鸡蛋不完全使其溶解的话，蛋黄有可能会呈凝胶状结块残留。
- 加入鸡蛋后，发酵时间过长，面包胚温度过高的话，有可能蛋白质会因变性而散发异味。
- 鸡蛋会改善面包在炉中的膨发以及体积，所以要注意面包胚分割的重量与最终发酵时间。
- 鸡蛋会加速面包表皮着色，所以要格外注意面包芯是否因烤制时间不足而未成熟。

9 | 其他原材料

本节将介绍水果干、坚果、乳酪等丰富面包种类的辅料。这些材料主要用于装饰面包或突出面包的个性。

▌水果类

- 葡萄干

  葡萄晾干而成。酸味与甜味比例适中，用于制作葡萄干面包等。

- 朗姆酒渍葡萄干

  将葡萄干放入朗姆酒中腌渍而成。风味独特，用于制作锡兰肉桂螺丝包等多种面包、点心。

- 橘子蜜饯果皮、柠檬蜜饯果皮

  将橘子、柠檬果皮用砂糖煮制而成。因其口味微甘带酸，常用于制作丹麦酥皮果子饼等。

- 无花果干

  鲜无花果干燥处理而成。它用途广泛，多同核桃仁等坚果类一起加入硬系面包，或用糖水煮后，放在酥皮果子饼上做装饰。

坚果类

- 核桃

核桃中富含食物纤维、维生素 B1、维生素 E、生物素（维生素 H）、铁元素、矿物质等，被称为健康食品。另外，其口感、风味独特，也常被研碎后用作装饰。

- 杏仁

杏仁香味十足，带皮烤制后，可作为面包的装饰；或用开水烫去薄皮，研碎后撒在点心面包表面。

乳酪

- 天然干酪

将原料奶中的水分脱干而成的产物，可分为硬干酪与奶油干酪。硬干酪通常取出后揉入面包胚中，奶油干酪通常用作面包的夹馅或装饰。此外，将 2 ～ 3 种天然干酪混合成的调和干酪，则多用于比萨制作。

- 加工干酪

将天然干酪加热处理后的产物，主要用于花样面包、法国面包的夹馅。切片干酪则适用于三明治的菜码。

香草、香辛料

- 迷迭香

迷迭香是原产于地中海沿岸的紫苏科香草。通常会将干燥的迷迭香揉入佛卡恰面包胚中，或用于改善家常面包的口味。

- 锡兰肉桂

锡兰肉桂指的是中国南部以及越南周边热带地区生长的樟科常绿树的树皮，具有独特的香气，也称为桂皮。用于制作锡兰肉桂螺丝包等多糖面包，可充分突显面包的甜味。

- 黑芝麻、白芝麻

芝麻营养价值高，深受亚洲人的喜爱，其身影也常出现在面包制作中。黑芝麻可揉入主食面包的面包胚中，或作为番薯面包的装饰；白芝麻可代替玉米粉撒在英国松饼表面等。

有助于面包膨发的添加物

【发酵粉（焙粉）】

发酵粉是含有能产生碳酸气体的小苏打的膨胀剂。主要在制作甜食面包或蒸面包等膨松面包时，代替酵母粉使用。因其无须发酵工序，对于初学者来说也相当轻松简便。用发酵粉制成的面包与使用酵母的面包相比，虽糯感稍逊，但松软感十足。发酵粉多用于制作甜食或烘饼等。

【麦芽糖浆】

麦芽糖浆是利用麦芽使淀粉糖化的浆露，也被称为麦芽精华提取物。比如在法国面包等无糖面包中加入0.2%～0.3%的麦芽糖浆，会促进发酵，改善面包胚状态，提高面包成熟后的着色效果。另外，也具有增加面包香气的作用。

【麦芽粉】

指的是将发芽的大麦或小麦干燥处理后磨成粉的产物，也称为粉末麦芽、麦芽面粉。面包中添加麦芽粉的效果与麦芽糖浆基本相同，但所需添加量更少，可长期保存，十分方便。

【维生素C】

维生素C可作用于面包胚中的谷蛋白，强化碳酸气体持久力，有助于炉内膨发，所以，制作出的面包骨架结实。加入小麦粉量0.6%的维生素C，可发挥其最佳效果。在家庭中制作法国面包时，添加维生素C方便易行。

10 | 制作面包的工具

本节介绍面包制作过程中的必要工具。这些工具可在面包原料店或商场购买。

准备与计量

- 电子秤

  用于原料的计量、面包胚的均分等。为了能够应对少量的酵母、食盐、面粉、备水等不同计量要求，电子秤的精确度可从 0.1 克到 3 千克。

- 塑料碗

  塑料材质的碗拿取轻便，便于计量原料时使用。

- 温度计

  温度计用来测量需随季节调整的备水温度，以及发酵时面包胚的温度。如最高测温达 50 摄氏度、端部尖锐的数字面包温度计可直接插入面包胚中，使用极其方便。相比玻璃材质的酒精温度计，不锈钢材质的数字温度计不用担心易碎易折，且方便入手与使用。

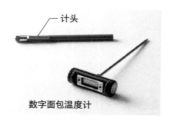

计头

数字面包温度计

普通温度计

制作面包胚

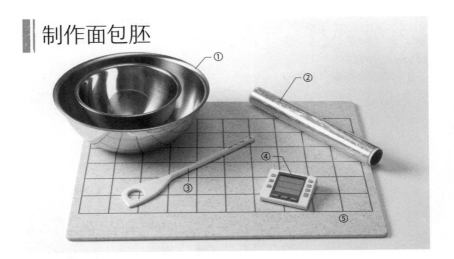

- ①不锈钢碗

　　不锈钢材质碗热传导性高，适用于发酵。如果采用隔水发酵法，需提前准备直径为 21 厘米与 24 厘米两种大小的不锈钢碗。

- ②保鲜膜

　　在发酵、静置时，为防止面包胚发干变硬，需覆盖保鲜膜。在制作羊角面包、奶油面包时，用保鲜膜压伸黄油片，并方便保存。

- ③揉面柄

　　揉面柄用于面包胚制作。在柄端处开有圆孔，可以减少阻碍，便于揉面。

- ④厨房用定时器

　　用于计算、衡定面包胚静置、发酵的时间。

- ⑤揉面板

　　用于搓揉、拉伸、醒面、发酵、成形等环节。选用稍重的揉面板可防止用力使用过程中出现移动。

分割、成形 、完成

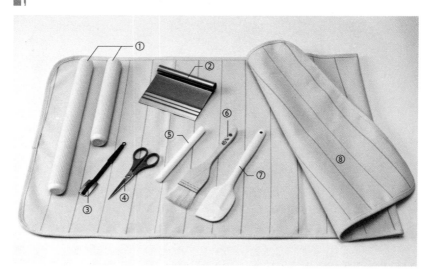

- ①面包专用擀面杖（ 大、小）

　　可分为表面光滑的擀面杖，与表面凹凸不平、防止面包胚粘连的排气擀面杖。根据制作面包的大小，调整擀面杖的大小与种类，便于面包的成形。

- ②分割板

　　主要用于分割面包胚，也适用于切分面包胚，刮除面板上残余的面包胚。另外，在制作蜜瓜包时，可用其在面包表面刻画细纹。

- ③奶油刀

　　在面包胚表面进行切纹处理的专用刀具。也可用于法国面包或乡村面包的成形工序。

- ④剪刀

    用于对面包胚进行较大的刻纹处理。如果希望家常面包中的菜码略带焦色，可在剪刀刻纹中放入菜码，进行烤制。

- ⑤小圆面包棒

    长度约为手掌大小、小而细的面棒。用于制作小圆面包的峰状或夹馅面包的表面突起等。

- ⑥刷子

    用于在面包表面涂刷照色。糖水 ※ 或杏液等适合选用硬质刷，蛋液适合选用软毛刷。

※ 指的是将砂糖溶于水或溶于黄油中的糖衣，也被称为糖霜。将糖水涂于面包
    表面，面包口感酥脆。

- ⑦橡胶刮刀

    煮奶油时的专用刮刀。从干净处理奶油、便于使用的角度考虑，可选用硅胶材质的刮刀。

- ⑧厨房用盖布

    在静置工序中防止面包胚风干，盖在面包胚上；或在成形工序中，用作底垫。最好选择不透风、防干燥、较厚的木棉材质布类。

- 成形模具

    用于特定形状面包的成形工序。其种类丰富，如主食面包模具、英国松饼模具、奶油蛋糕模具、奶油面包模具等。为了防止面包胚与模具内侧粘连，要先在模具内侧轻轻涂上一层油脂，再将成形的面包胚放入。

主食面包模具

烤制

● 烤箱（气能源、电能源）

用于面包的烤制工序，带有温度调节功能或发酵专用模式的烤箱也可用于发酵工序。一般选用预热后温度可达250摄氏度的烤箱。

● 烤箱垫纸、厨房垫纸

为防止成型的面包胚发生挤压粘连，要在烤盘上部覆盖一层烤箱垫纸。在烤制特定形状的面包时，也可将厨房垫纸成套地放入模具中。

● 网盘

用于让烤制成熟的面包散发余热。网格大、腿部高的网盘便于更好地通风、散热。

有了它们，制作面包更方便

- 食物进程处理器

  可将面包胚揉成多个小份，大大缩短时间；也可快速处理过多的面包胚、过软的面包胚；还可以将水果、蔬菜切丝，便于做成酱馅。

- 发酵机

  密闭性能高，可严格调节温度，在家中即可轻松完成发酵工序。

Q 排气擀面杖与木制擀面杖有何区别？

A 排气擀面杖是塑料材质、表面有凹凸的面包专业擀面杖。如果选用木制擀面杖，面包胚易于粘连，需要大量的干粉；而选用排气擀面杖，不但面包胚不会粘连，而且能够一边排挤面包胚内的气体（空气），一边均匀地压伸面胚，使得面包纹路均匀。

如果是制作体积大、分量重的面包，可以选择木制擀面杖。

问题1 在小麦的构造中约占 84%，并主要成为小麦粉的是哪一部分？请从下列选项中选出正确答案。

    1. 表皮

    2. 胚芽

    3. 胚乳

    4. 麦芽

问题2 在制作面包的原料中，忘记添加哪种原料会导致面包无法呈现完美的焦色？请从下列选项中选出正确答案。

    1. 食盐

    2. 黄油

    3. 水

    4. 鸡蛋

问题3 哪种食材可成为酵母的营养来源？请从下列选项中选出正确答案。

    1. 砂糖

    2. 鸡蛋

    3. 食盐

    4. 牛奶

问题4 蛋黄中含有的脂质之一卵磷脂的作用是什么？请从下列选项中选出正确答案。

    1. 有助发酵

    2. 增加香气

    3. 释放酸味

    4. 延缓老化

为什么尽量不要将油脂与酵母一起混合？请从下列选项中选出正确答案。

1. 因为酵母会消减油脂的风味
2. 因为油脂会损坏酵母的活性
3. 因为二者分开加入，面包胚发散不凝聚
4. 因为烤制时易发生焦煳

 在切分面包胚时，使用的工具是什么？请从下列选项中选出正确答案。

1. 剪刀
2. 擀面杖
3. 分割板
4. 奶油刀

 关于烤制时所用的烤箱，最好选用温度可上升至多少摄氏度的烤箱？请从下列选项中选出正确答案。

1. 250 摄氏度
2. 200 摄氏度
3. 180 摄氏度
4. 170 摄氏度

答案解析

 　　小麦的构造可大致划分为约 84% 的胚乳、约 13.5% 的表皮（麸）和约 2.5% 的胚芽三部分。其中的胚乳部分可以制作成面粉。（详细内容见第 58 页）

 　　如果在面包制作过程中不加入食盐，面包胚会松软发黏，炉内膨发差，烤制时着色不佳。（详细内容见第 75 页）

 　　砂糖可由酵母中的酶分解为碳酸气体与酒精，进而成为酵母的营养来源。（详细内容见第 76 页）

 　　蛋黄中含有的脂质之一卵磷脂具有延缓乳化与老化的作用，所以加入鸡蛋的面包柔软膨发体积大，即使隔了一段时间也会保持柔软性。（详细内容见第 87 页）

 　　油脂具有可在酵母表面涂层、使其活性受损的特性。（详细内容见第 79 页）

 　　分割板用于切分面包胚，以及将面板上粘有的面包胚刮除。虽然在成形以及烤制前的工序中，也会用剪刀和奶油刀对面包胚进行刻纹处理，但二者基本上不用于面包胚的切分。（详细内容见第 94 ～ 95 页）

 　　比如法国面包或德国面包在 240 摄氏度左右的温度下才可成熟，所以在面包制作工序中，要选用预热可达 250 摄氏度左右的烤箱。（详细内容见第 96 页）

第4章

面包的制作方法

　　根据面包的种类差异，制作面包的方法也不尽相同。要充分理解各种面包制法的特点，选择最适合的方法。

1 | 直接法

此法只需将原料一次性全部混合，是最简单的制作方法。

▌直接法的特点

直接法是通过将原料一次性全部混合来制作面包胚，又被称为"直接搓揉法"。因其工序少，多用于家庭手工制作面包、家庭面包机制作等。

优点

- 与中种法（见第 104 ~ 105 页）相比，工序时间短。
- 可充分激活小麦的风味。
- 发酵无须特定场所，发酵时间短。
- 制成的面包弹性大，口感软糯。

缺点

- 易受到原料以及工序的影响。
- 与其他制法相比，面包胚老化较快。

▌不捶打法

不论发酵时间长短，都不对面包胚进行捶打的制法，被称为"不捶打法"。由于无捶打工序，所以此法具有时间短、对面包胚的损坏少、面包气孔均一、面包口感松软等优点。但面包整体风味较差。

直接法的工序与注意要点

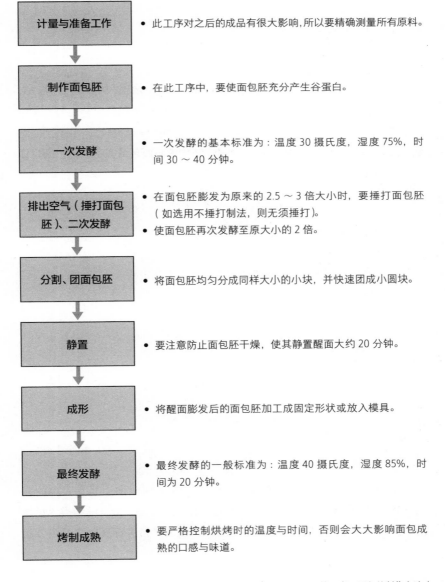

计量与准备工作
- 此工序对之后的成品有很大影响,所以要精确测量所有原料。

制作面包胚
- 在此工序中,要使面包胚充分产生谷蛋白。

一次发酵
- 一次发酵的基本标准为:温度 30 摄氏度,湿度 75%,时间 30 ~ 40 分钟。

排出空气(捶打面包胚)、二次发酵
- 在面包胚膨发为原来的 2.5 ~ 3 倍大小时,要捶打面包胚(如选用不捶打制法,则无须捶打)。
- 使面包胚再次发酵至原大小的 2 倍。

分割、团面包胚
- 将面包胚均匀分成同样大小的小块,并快速团成小圆块。

静置
- 要注意防止面包胚干燥,使其静置醒面大约 20 分钟。

成形
- 将醒面膨发后的面包胚加工成固定形状或放入模具。

最终发酵
- 最终发酵的一般标准为:温度 40 摄氏度,湿度 85%,时间为 20 分钟。

烤制成熟
- 要严格控制烘烤时的温度与时间,否则会大大影响面包成熟的口感与味道。

2 | 中种法（发酵种法）

此法是将一部分原料当作中种进行发酵，优点是制成的面包有分量、有体积、老化慢、口感软。

中种法的特点

此法的具体步骤为：首先在占原料 50% 以上的面粉中加入水与酵母，混合制成发酵种（中种）。待其发酵后，再与其他剩余原料混合均匀。这种方法起源于二十世纪五十年代的美国。另外，因中种也被叫作"海绵"，此法也可称为"海绵法"。中种法适合用于制作棱角面包或点心面包，所以日本的大型面包商多选用此法。

优点

- 制成的面包有分量、有体积、口感松软。
- 多余的面包胚可用作中种。
- 具有机器耐性，几乎不受原料或作业工序的影响。
- 老化慢。

缺点

- 工序花费时间较长。
- 整个作业工序需要较大的空间。

隔夜中种法

指的是将中种在冰箱中放置一晚（10 ~ 15 小时），使其低温发酵的方法。通过冷却面包胚，可使折入式面包胚操作性提高，适合油脂类含量高的羊角面包等面包。因此法易产生酸味，所以要严格进行温度和卫生方面的管理。

中种法的工序与注意要点

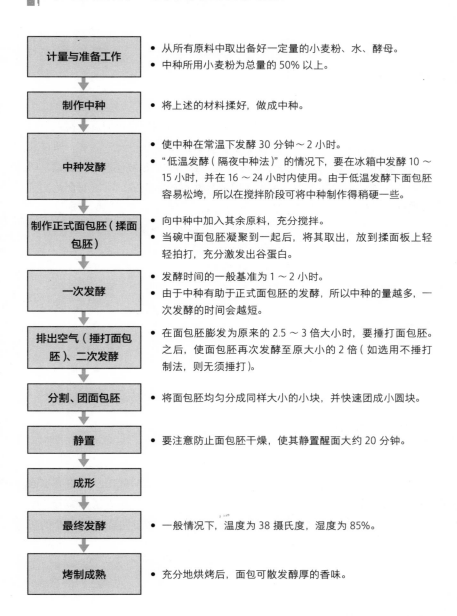

| 计量与准备工作 | • 从所有原料中取出备好一定量的小麦粉、水、酵母。
• 中种所用小麦粉为总量的 50% 以上。 |

| 制作中种 | • 将上述的材料揉好，做成中种。 |

| 中种发酵 | • 使中种在常温下发酵 30 分钟～2 小时。
• "低温发酵（隔夜中种法）"的情况下，要在冰箱中发酵 10～15 小时，并在 16～24 小时内使用。由于低温发酵下面包胚容易松垮，所以在搅拌阶段可将中种制作得稍硬一些。 |

| 制作正式面包胚（揉面包胚） | • 向中种中加入其余原料，充分搅拌。
• 当碗中面包胚凝聚到一起后，将其取出，放到揉面板上轻轻拍打，充分激发出谷蛋白。 |

| 一次发酵 | • 发酵时间的一般基准为 1～2 小时。
• 由于中种有助于正式面包胚的发酵，所以中种的量越多，一次发酵的时间会越短。 |

| 排出空气（捶打面包胚）、二次发酵 | • 在面包胚膨发为原来的 2.5～3 倍大小时，要捶打面包胚。之后，使面包胚再次发酵至原大小的 2 倍（如选用不捶打制法，则无须捶打）。 |

| 分割、团面包胚 | • 将面包胚均匀分成同样大小的小块，并快速团成小圆块。 |

| 静置 | • 要注意防止面包胚干燥，使其静置醒面大约 20 分钟。 |

| 成形 | |

| 最终发酵 | • 一般情况下，温度为 38 摄氏度，湿度为 85%。 |

| 烤制成熟 | • 充分地烘烤后，面包可散发醇厚的香味。 |

3 | 酸种法（发酵种法）

此法以黑麦粉与水起种，需经过数日熟成酸化。主要用于黑麦面包的制作。

酸种法的特点

酸种法是在考量如何使黑麦粉更加美味的过程中得出的，是德国面包制作中不可或缺的方法。因黑麦粉中含有较多的多糖——戊聚糖，所以其吸水性较高，容易结块。另外，由于黑麦粉做出的面包胚不产生谷蛋白，所以用其制成的面包几乎不会膨发。因酸种法可提前熟成，所以配合此法可减低糖类的作用，使得面包潮润、风味十足。

优点

- 面包富含黑麦的营养价值。
- 面包酸味、香气十足，风味醇厚。

缺点

- 酸种从制作到完成需要数日的时间。

酸种法的种类

具体可分为一阶段法、二阶段法、三阶段法、短时间法、代特莫尔德一阶段法、代特莫尔德二阶段法、孟海默加盐法等。这些方法都随着工序阶段的叠加，酵母、乳酸菌、其他菌类逐渐增加，以促进面包胚必要的膨发以及添加酸味，使得最终成熟的面包味道醇厚。

酸种法的工序与注意要点

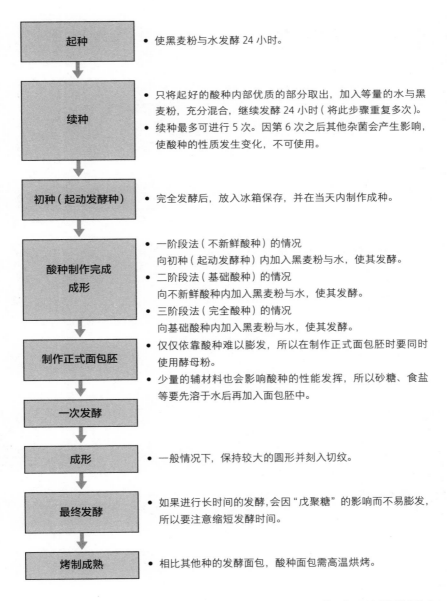

| 起种 | • 使黑麦粉与水发酵 24 小时。 |

| 续种 | • 只将起好的酸种内部优质的部分取出, 加入等量的水与黑麦粉, 充分混合, 继续发酵 24 小时 (将此步骤重复多次)。
• 续种最多可进行 5 次。因第 6 次之后其他杂菌会产生影响, 使酸种的性质发生变化, 不可使用。 |

| 初种 (起动发酵种) | • 完全发酵后, 放入冰箱保存, 并在当天内制作成种。 |

| 酸种制作完成
成形 | • 一阶段法 (不新鲜酸种) 的情况
向初种 (起动发酵种) 内加入黑麦粉与水, 使其发酵。
• 二阶段法 (基础酸种) 的情况
向不新鲜酸种内加入黑麦粉与水, 使其发酵。
• 三阶段法 (完全酸种) 的情况
向基础酸种内加入黑麦粉与水, 使其发酵。 |

| 制作正式面包胚 | • 仅仅依靠酸种难以膨发, 所以在制作正式面包胚时要同时使用酵母粉。
• 少量的辅材料也会影响酸种的性能发挥, 所以砂糖、食盐等要先溶于水后再加入面包胚中。 |

| 一次发酵 | |

| 成形 | • 一般情况下, 保持较大的圆形并刻入切纹。 |

| 最终发酵 | • 如果进行长时间的发酵, 会因 "戊聚糖" 的影响而不易膨发, 所以要注意缩短发酵时间。 |

| 烤制成熟 | • 相比其他种的发酵面包, 酸种面包需高温烘烤。 |

4 | 波兰法（发酵种法）

较中种法劳力、设备的花费小，制出的面包老化慢。

波兰法的特点

波兰法诞生于 19 世纪上半叶的波兰，是在 20% ~ 40% 的面粉中加入等量的水与酵母粉的发酵制法。如别名"液种法""水种法"所示，因水量多，酵母种胚柔软，发酵进程会所有加快。

优点

- 液体种的制作与管理较为简单。
- 面包分量大，老化慢。
- 节约时间、空间、劳力。
- 适用于多种面包。

缺点

- 水分较多，需要加强卫生管理。
- 若不添加乳制品，面包风味欠佳。

波兰法的工序与注意要点

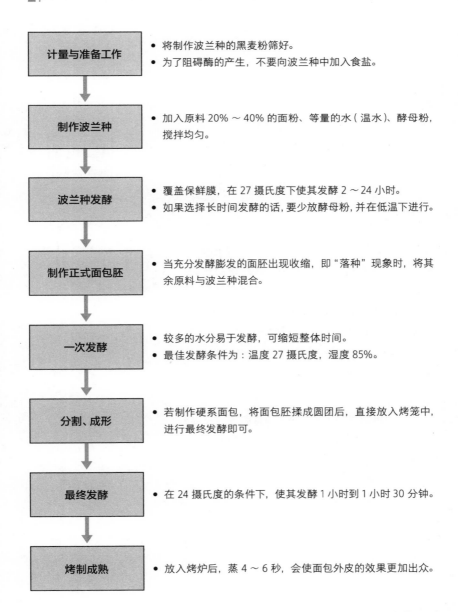

| 计量与准备工作 | • 将制作波兰种的黑麦粉筛好。 |
| | • 为了阻碍酶的产生，不要向波兰种中加入食盐。 |

| 制作波兰种 | • 加入原料 20% ～ 40% 的面粉、等量的水（温水）、酵母粉，搅拌均匀。 |

| 波兰种发酵 | • 覆盖保鲜膜，在 27 摄氏度下使其发酵 2 ～ 24 小时。 |
| | • 如果选择长时间发酵的话，要少放酵母粉，并在低温下进行。 |

| 制作正式面包胚 | • 当充分发酵膨发的面胚出现收缩，即"落种"现象时，将其余原料与波兰种混合。 |

| 一次发酵 | • 较多的水分易于发酵，可缩短整体时间。 |
| | • 最佳发酵条件为：温度 27 摄氏度，湿度 85%。 |

| 分割、成形 | • 若制作硬系面包，将面包胚揉成圆团后，直接放入烤笼中，进行最终发酵即可。 |

| 最终发酵 | • 在 24 摄氏度的条件下，使其发酵 1 小时到 1 小时 30 分钟。 |

| 烤制成熟 | • 放入烤炉后，蒸 4 ～ 6 秒，会使面包外皮的效果更加出众。 |

5 | 其他的发酵种法

　　本节的制法指的是用原料的一部分提前发酵，制成发酵种，再与其他原料混合，揉成正式面包胚的做法。之前的中种法、酸种法就属于此类制法。

老面法

　　用酵母制成的中种经过一夜的低温发酵后的产物即为老面。再向其中加入10%～20%的新面胚后加以使用的方法为老面法，别名为"传统发面法"。其特点为具有独特的酸甜味道，这种轻微的酸甜发酵味道给面包带来了独特的口味。老面中的酵母本身具有持久发酵效力，所以在制作面包的过程中，如需再添加少量的酵母粉时，选用老面可快速使其融合，方便简单。但老面较难保存管理，一旦发生错误，会产生酸臭味，面包胚粘连结块，所以对其进行适当的温度管理极为重要。

　　适合选用老面法的面包：主食面包、点心面包、法国面包、中式馒头、黑面包等。

加糖中种法

指的是在中种中加入砂糖，制作发酵种的方法。向中种中添加占总糖量 14%～20% 的砂糖，达到强化其耐糖性能，无须降低酵母活性就可发酵的目的。比如制作点心面包时，需向面包胚中加入 20%～30% 的砂糖，即为加糖中种法。

混合接触法（安扎茨法）

此法是事先仅将面胚（小麦粉、水、酵母）轻轻搅匀，使其发酵 30～40 分钟后，再混合其余原料。与中种法、加糖中种法的 1 小时～1 天的发酵时间相比，此法可在短时间内完成作业。适用于大量添加鸡蛋、乳制品、黄油等辅材料的"富足系"面包。

100% 中种法

指的是使用原料中所有面粉制作发酵种的方法。此法可改善面包的体积感、口感、风味等，但中种的管理、面包胚的温度调节等工序较为复杂。

第 4 章　练习题

将所有原料一次性混合制作面包胚的方法叫什么？请从下列选项中选出正确答案。

1. 波兰法
2. 混合接触法
3. 直接法
4. 100% 中种法

酸种法是为了能够更好地食用什么而研制的发酵种法？请从下列选项中选出正确答案。

1. 小麦粉
2. 黑麦粉
3. 米粉
4. 玉米粉

在波兰法中，制作正式面包胚的信号，即充分膨发的面包胚出现收缩的现象被称作什么？请从下列选项中选出正确答案。

1. 捶打
2. 富足
3. 中骨
4. 落种

"老面" 指的是什么？请从下列选项中选出正确答案。

1. 使用老化（劣化）的小麦粉制作面包胚
2. 将面包胚拉伸为细长面条状的产物
3. 使用天然酵母制作中种并发酵后的产物
4. 使用酵母粉制作的中种，且经过一夜的低温发酵后的产物

发酵种法是什么样的制作方法？请从下列选项中选出正确答案。

1. 使用两种以上的酵母，使其发酵的制法
2. 使其发酵 3 次以上的制法
3. 使原料的一部分发酵制成种，之后将剩余原料混合，进行正式揉搓的制法
4. 比其他制法要设定更高发酵温度的制法

 在海绵法的优点中，不正确的是哪一个？请从下列选项中选出正确答案。

1. 成品面包蓬松柔软
2. 工序少，作业时间短
3. 具有机器耐性，几乎不受原料的影响
4. 老化慢

 在波兰法中，为了增加风味而添加的原料是哪一个？请从下列选项中选出正确答案。

1. 乳制品
2. 鸡蛋
3. 砂糖
4. 食盐

答案解析

直接法别名"直接搓揉法"。因其将所有原料一次性混合制作面包胚，因整体工序少而被广泛应用于家庭制作中。（详细内容见第 102 页）

酸种法是为了使黑麦粉更加可口而研制的制法。黑麦粉中含有较多的戊聚糖，从而使其吸水性较高，易发黏。所以合理利用成熟的"酸种"，可使相关糖类的作用降低。（详细内容见第 106 页）

充分发酵膨发的面包胚发生收缩，即"落种"现象发生正是将其他原料与中种（波兰种）混合的信号。（详细内容见第 109 页）

将老面混合加入 10% ～ 20% 新鲜面包胚中的制法为"老面法"，其特点为可产生独特的酸味与甜味。（详细内容见第 110 页）

在正式揉搓之前，预先将一部分材料发酵制作而成的种被称为发酵种。酸种法与中种法都属于发酵种法的一种。（详细内容见第 104 ～ 111 页）

海绵法为中种法的别名。因其需先将中种做好，再制作正式面包胚，所以较直接法工序多、时间长。（详细内容见第 104 页）

利用波兰法制作面包时，若不添加牛奶，会让面包风味减退。（详细内容见第 108 页）

第5章

面包的制作工序

　　本章以最基本的圆面包的制作方法为基础，详解直接法工序的各个步骤。

1 | 精确的计量

错误的计量会成为面包制作失败的原因，比如面包不膨发、口感坚硬、烤制成熟后萎缩等。所以要时常将精确的计量牢记于心。

基本的圆面包制作方法①

精确地称量原材料

原材料（8个圆面包的量）

高筋粉……250克　　水……160克

食盐……5克　　干酵母……5克

砂糖……8克

无盐黄油……15克

称量原材料

食盐、砂糖等原料会因极小的误差导致成品面包口感味道欠佳。所以，在称量原料时，尽量使用电子秤。

• 电子秤的使用方法

将电子秤放置在水平处，使刻度归零后开始称量。如果是将原料放入碗中称量，需先将空碗放入秤盘称重且归零后，再将原料放入碗中进行称量。

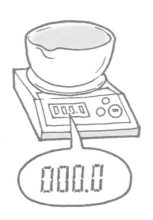

面包百分比

在面包食谱中，通常都会以克为单位标记所有原料。以占所有原料一半以上的面粉量为100，其他原料的量以面包配比率计算而得。这一配比率为面包百分比。当食谱中记述的面包个数与自己想做的个数不同时，可从食谱中各原料的量推算出面包百分比，进而计算出自己想要做的面包个数所需的原料量。

面包百分比（%）= 想要知道的某原料的量 ÷ 面粉的量 ×100

接下来，以基本圆面包为例，进行如下计算。

小麦粉　　　　$250 \div 250 \times 100 = 100\%$

食盐　　　　　$5 \div 250 \times 100 = 2\%$

砂糖　　　　　$8 \div 250 \times 100 = 3.2\%$

无盐黄油　　　$15 \div 250 \times 100 = 6\%$

水　　　　　　$160 \div 250 \times 100 = 64\%$

干酵母　　　　$5 \div 250 \times 100 = 2\%$

Q&A 关于面包的问与答

Q 可以使用量杯或大匙、小匙量取原料吗？

A 一般情况下，大匙的容量正好为小匙的3倍。但是如果不用电子秤称量的话，无论怎样核对基准量，都会产生误差（参照右表）。所以，要尽量使用0.1克精度的电子秤。

调味料、食材原料	1小匙（5毫升）	1大匙（15毫升）
食盐	5 克	16 克
酵母	3 克	9 克
黄油	4 克	13 克
上等白糖	3 克	9 克
绵白糖	4 克	13 克

（计量例）

2 | 制作面包胚

完成精确的计量之后，进入面包胚制作工序。在面包胚制作中，最为重要的是温度与时间的控制，以及形成良好的谷蛋白。

基本的圆面包制作方法②

揉搓原料，制作面包胚

充分激发出面包胚的谷蛋白

▎混合原料

【原料的准备工作】

为了能够快速推进工序进程，要首先进行原料的准备工作。

- 将**无盐**黄油恢复到常温备用

这是为了防止降低面包胚温度。另外，常温状态下的黄油柔软，易与面包胚融合。

- 将水调成适宜温度备用

必须使用温度计测量水温，并根据季节不同，适当调节水温。通常情况下，春秋两季的适宜水温约为 30 摄氏度，夏季的适宜水温约为 10 摄氏度，冬季的适宜水温为 45 摄氏度。

- 将干酵母溶于水，形成酵母液（干酵母的预备发酵处理见第 69 页）

如果选用速成干酵母的话，酵母液无须放置，请在酵母液制好后的 5 分钟内放入使用。

【原料的混合方法】

❶ 向较大的碗中加入面粉、食盐、砂糖。

❷ 一次性向❶中的碗内加入酵母液与剩余的水，并迅速混合均匀。如果酵母与食盐过分接触，会影响发酵。所以在加入酵母时要尽量避开食盐所在位置。

❸ 面粉等粉状原料遇水吸收，要一直搅拌至所有原料成为一体。起初会呈现粘连的状态，但逐渐地会聚成一体。当所有原料成为可提起的一个整体时，混合工序即算完成。

【准备工作环节，混合原料时的注意点】

* 家中制作面包时，多用手直接混合、揉搓原料。所以要事先认真清洗手部，并用干布擦干后，再进行原料的混合。

* 酵母是非常脆弱、难处理的原料。开封之后要放入带有密封拉条的塑料袋或玻璃瓶等密闭容器中，并置于冰箱保存。

揉面包胚

面包胚极易干燥, 所以要不拖沓、短时间、集中地揉搓面包胚。

【面包胚的揉法】

❶将成为一体的面包胚放在揉面台上, 时而摊开, 时而小心地用力充分揉搓。一直揉到面包胚潮润, 手捏感如耳垂般柔软即可。

❷将面包胚拉伸摊平, 加入恢复到常温的黄油, 并反复折叠面包胚, 使黄油融入面包胚中。要认真糅合面包胚, 使油分均匀地铺展到整块面包胚上。

❸糅合完成后, 要检验谷蛋白是否充分形成。具体做法是: 用手指从面包胚底部轻轻拉伸面包胚。如果能够形成薄膜, 即证明谷蛋白已充分形成; 如果面包胚立即破开成洞, 则仍需要糅合一段时间。

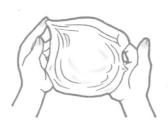

❹双手将面包胚翻里做面, 团成表面光滑的圆球状。最后用指尖将剩余的凹口捏合关闭, 使面包胚融合, 并移入发酵用的碗中。

【糅合面包胚时的注意要点】

＊黄油、橄榄油等油脂要在面粉与水充分糅合后加入，否则会阻碍小麦粉特有的谷蛋白的作用，要加以注意。

＊如果使用有盐黄油，要适当地减少食盐的用量。如果按照原食谱中的用量制作的话，面包盐分会增高，咸味较重。

＊制作法国面包等硬系面包或英国主食面包时，如需激发口感，要在揉面板上击打面包胚，使其更加紧致。这些都应当作为制作面包的常识牢记在心。

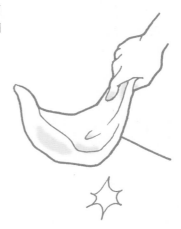

 关于面包的问与答

Q 低筋粉与高筋粉的区别方法是什么?

A 从袋中取出放入容器中保存的面粉，有时会分不清哪个是低筋粉，哪个是高筋粉。这种情况下的区别方法是，将面粉放入手掌中，用力一握，如果有指印残留，且面粉聚成一体即为低筋粉；如果不留指印，面粉干爽不聚，即为高筋粉。另外，向面粉中加入⅔的水量糅合时，面胚聚合性差，互相粘连的为低筋粉；面胚聚合力强，如橡胶般富有弹性的为高筋粉。在制作面包过程中，若面包胚怎样也不聚合，需要进一步确认面粉的种类。

3 | 一次发酵

发酵过程中，温度、湿度、时间的控制都十分重要。发酵不足或发酵过度，都可能成为面包制作失败的原因。要扎实掌握判断发酵结束的方法。

基本的圆面包制作方法③

用温水使糅合好的面包胚发酵（温度 30 摄氏度，湿度 75%，时间 30 ~ 60 分钟）

要仔细确认面包胚的温度

温度与湿度

一次发酵最适宜的条件为温度 30 摄氏度、湿度 75%。在开始发酵之前，将温度计插入面包胚中，确认其温度。由于面包胚的温度也会受到室温的影响，所以可采用温水法，通过调节水温来控制面包胚的温度。

当面包胚膨发到原来的两倍大小时，一次发酵即完成。

面包胚的抗干燥性能弱，所以如果只关注温度，而在湿度很低的环境中发酵的话，面包胚将不会很好地发酵。如果在烤箱或室内发酵，要防止面包胚干燥，可在面包胚下覆满热水，或向杯中加入热水。

多种多样的一次发酵的方法

【温水】

这是最普遍、最简单的方法。取比放有面包胚的碗稍大一圈的碗，向其中加入30摄氏度的水，将放有面包胚的碗放入温水碗中，并在温水碗外沿搭上保鲜膜，将两碗覆盖在内，使面包胚发酵30分钟到1小时。盛夏时节温水不易降温，可将温水温度调低5摄氏度；寒冬时节温水降温快，可将水温提高5摄氏度左右。

【室内自然发酵】

在室温保持在30摄氏度的房间内，用保鲜膜覆盖放有面包胚的碗，静置使其发酵1小时左右。如果是夏天，无须室内暖气，应该也可以在室内自然发酵。

【烤箱】

如果烤箱自带发酵功能，可将温度设定为30摄氏度，使面包胚发酵30分钟到1小时。为了防止面包胚干燥，需在碗上覆盖保鲜膜。由于烤箱不同，允许设定的温度可能高于30摄氏度。如果设定温度高于30摄氏度，便不适合进行一次发酵，请自行选择其他发酵方法。

长时间发酵

虽然一次发酵的适宜温度为 30 摄氏度，但在低温下经过较长时间发酵也是可以完成的。这种发酵方法为长时间发酵法。利用冰箱冷藏发酵是最主要的长时间发酵法。长时间发酵法制作的面包胚表皮较脆，面包芯劲道，成品面包口感紧致。这种特点使得此法十分适合法国面包、羊角面包等硬系面包。

【冰箱发酵】

将揉合好的面包胚放入塑料袋中，排除袋中空气后，扎口束紧，放入冰箱，大约 8 个小时。当面包胚膨发到原来的两倍时，表明发酵成功。这种方法发酵的面包胚只要不超过 24 小时，任何时间取出均可使用。对于想要不一次性、只制作少量面包的人来说，此法十分方便。

Q 我制作的面包胚虽已发酵，但并不膨发，而是横向扩展。这是什么原因？

A 一般认为这种情况发生的原因是：面包胚揉合后，未团成圆状，而是直接放入碗中进行一次发酵造成的。请你回想一下是否将揉好的面包胚团成表面光滑的圆状呢？有没有将面团的闭口朝下放置呢？所以即使很小的细节，都要仔细对待，要认真地进行每一道工序。另外，可想见的另一个原因为，如果你用的是温水法，可能水温过高，导致仅面胚下部发酵过度。所以，也请多多注意温度的控制与调节。

指测

为了判断面包胚是否完成发酵过程，在这里介绍一种确认方法——指测法。在指尖蘸少许面粉，向膨发的面包胚中央插入，然后缓慢拔出。通过面包胚上指印的状态可判断一次发酵是否充分完成。

- 充分完成的情况

当抽出手指时，被挤压的部分维持凹陷状，未恢复到原状，表明一次发酵完成。

- 发酵不足的情况

如果被手指挤压的部位有恢复原状的倾向，表明发酵不足。一般认为发酵温度与时间不够会导致发酵不足。这时需要确认面包胚温度，并继续发酵一段时间。如果使用发酵不足的面包胚，成品面包会体积小，颜色差。

- 发酵过剩的情况

当插入手指时，面包胚呈现压瘪状，则表明发酵过剩，并且面包胚散发出酒精臭味。如果使用发酵过剩的面包胚制作面包，则成品膨发效果差，酸味明显。这时可考虑将发酵过剩的面包胚拉伸，用于制作比萨等。

4 | 排出空气（捶打面包胚）、二次发酵

　　排除空气指的是将发酵膨发的面包胚打平的工序，也可简单称为"捶打面包胚"。

基本的圆面包制作方法④

将一次发酵中膨发成原来两倍的面包胚再一次压平，并再使面包胚发酵成原状的两倍大小。

▌排出空气的目的

- 使面包胚内的温度恒定。
- 使酵母发生位移，接触新的营养成分，激活酵母的作用。
- 释放原有气体，引入新的氧气，促进面包胚的成熟。
- 细化面包胚内的空气泡，使面包胚纹路细密。
- 强化谷蛋白膜，有助于面包膨发。

　　有的人会认为将好不容易一次发酵膨发的面包胚再次压平有些可惜，但排出空气是使面包充分膨发的十分重要的工序之一。在排出空气后，会再次让面包胚发酵。这时的发酵被称为"二次发酵"。由于碳酸气体会持续产生（见第67页），所以面包胚会再度膨发。

排出空气的顺序

❶将面包胚放置在揉面板上，缓慢认真地从面包胚中央向四周压伸。

❷将摊平的面包胚的两端分别向内折叠 ⅓，然后变换方向，将另两端向内分别折叠 ⅓，之后向面包胚团成圆状。

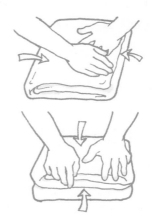

❸使团成圆状的闭口朝下，将面包胚放入发酵用的碗中，待其再次发酵成原来的两倍（二次发酵）。

【排出空气的注意要点】

* 揉面板、手部都需消毒或认真清洗并擦干。一旦杂质粘到面包胚，有可能会改变面包原来的特性。

* 排出空气的过程可将面包胚内一半以上的碳酸气体排出，但如果将所有碳酸气体排出，会对之后的最终发酵、面包胚的状态带来不好的影响。同时，要注意不要过于用力挤压面包胚，防止面包胚受损。

5 | 分割、团面包胚

　　将面包胚进行分割，团成小圆状。此工序会对谷蛋白造成影响，所以要慎重、快速进行。

 基本的圆面包制作方法⑤

将面包胚八等分，将分割后的小面胚逐一团成圆状。

▌团面包胚的目的

- 发酵时，可尽量防止碳酸气体从分割切口处逸出。
- 分割后，将不同形状的小面胚揉成统一形状，简洁整齐。
- 将面包胚团成圆状，便于之后工序的成形。

▌团面包胚工序可起到调节时间的作用

　　在团面包胚的工序中，越是团得紧的面包，越需要长时间静置醒面。如遇到其他工序落后跟不上或刚刚烤制的面包正占用烤箱等情况时，可通过将面包胚团紧，以达到在一定程度上调节时间节奏的目的。

分割、团面包胚的步骤

❶将面包胚取出放置在揉面板上，用分割板将面包胚等分成适用的大小。要快速、麻利地切分，以免给面包胚造成更大的破坏。

用电子秤对分割后的面包胚进行称量，最好使每个面包胚具有同样的重量。

❷对于较小的面包胚，用一手的手掌包裹住面包胚，并以手腕为轴，在揉面板与手指之间顺时针旋转，将面包胚团成圆状。对于较大的面包胚，用双手手掌包裹面包胚，以从里到外的牵引动作团面包胚。如果面包胚呈椭圆形，可变换角度，多次重复相同动作。

❸将团好的面包胚整齐摆放在厨房用盖布上。此时要注意防止先前团好的面包胚干燥变硬。除了用盖布覆盖之外，也可选用保鲜膜。

6 | 静置

静置指的是面包胚醒面的时间。将团好而有弹性的面包胚静置，可提高其伸展性，便于之后成形。

基本的圆面包制作方法⑥

将面包胚静置 15 ～ 20 分钟，要注意防止其干燥变硬。

▌静置的效果

- 促进面包胚成熟，使成品面包更可口。
- 因排气、分割而受损的面包胚，如果保持原状直接成形处理的话，可能会导致谷蛋白断裂或收缩。静置工序可使受损的面包胚再次膨发。
- 通过使圆形、紧致的面包胚静置，可更加软化面包胚，提高伸展性，便于成形。
- 为了防止成形时出现黏着现象，静置工序可在面包胚表面覆盖一层薄膜。

静置工序的步骤

❶将团好的面包胚放置在盖布（或揉面板）上，并相互间隔开一定距离。此时，要轻轻对面包胚的形状进行调整，防止其形状垮掉。

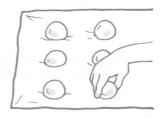

❷用盖布将所有面包胚覆盖严实。

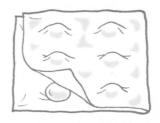

❸在室温条件下，小面包静置 15～20 分钟，大面包或弹性大的面包静置 20～30 分钟。

❹当面包胚膨发大约一圈，用手指在表面轻轻挤压。可感受到弹力时，表明静置工序完成。

【静置的注意要点】

* 在静置过程中，若面包胚吸入水分或被弄湿，面包胚会发软，难以成形。所以要尽量选择无水汽的环境与场所。

* 要覆盖盖布或保鲜膜，防止面包胚干燥变硬。如果在较为干燥的室内进行静置工序，需在盖布上再严严实实地盖一层湿布。

* 静置过程中，面包胚多多少少会继续膨发。所以要在面包胚之间留有一定距离，防止因膨发而相互粘连。

7 | 成形

成形，指的是制作面包胚最终形状的工序。以圆形、棒状、纺锤形为主，也有其他多种类型。

基本的圆面包制作方法⑦

将静置膨发的面包胚中的气体轻轻排出，重新调整为圆形。

成形的目的与效果

- 根据不同的用途，可制作各自适用的形状。
- **气泡细密均匀，烤制过程中面包胚可均匀膨发，**使面包形状更佳。
- **面包孔形状、分布发生变化，**使面包口感更佳。
- 便于最后的发酵。
- **固定形状，用力闭合面包胚，**使最终发酵中的面包胚柔软、不松塌。

圆面包成形的步骤

❶将一块面包胚正面向下放在揉面板上，用手掌轻轻压平，排出空气。

❷用双手轻轻拉伸面包胚，防止拉断面包胚。将拉伸的部分向内塞入，团成圆状。

❸当面包胚大致呈圆形后，将闭口朝下放置。

❹与"团面包胚"工序一样，用手掌将面包胚覆盖，一边旋转，一边将面包胚团紧。对于小的面包胚，用单手沿顺时针方向画圆成形即可。

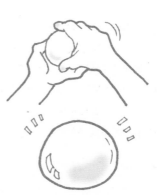

❺当面包胚圆滑，且紧致无裂纹，表面呈完美球形时，成形工序即算完成。

❻在烤盘上铺好厨房垫纸，将成形的面包胚闭口朝下，相互间隔一定距离摆放在烤盘上，准备进入最终发酵（见第136～第137页）工序。

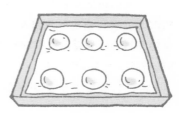

主食面包的成形工序

当处理需要放入模具中成形的面包时，即使最初使用的面包胚相同，也会因其在成形模具中的膨发状况而使形状、面包芯发生相应变化。制作主食面包、山形面包时，主要采用以下三种成型方法。

- 单长方形

将一块整体的面包胚压平，呈长方形。从一端开始卷起，成为棒状。将卷成后的闭口朝下，放入主食面包的成型模具中。不加盖烤制，可做成如奶油蛋糕般略带圆顶、蓬松柔软的面包。

- 草垛形

将面包胚分成两份，分别压伸成长方形，从一端卷起，形成两根棒状面包胚。将两个面包胚放入模具时，要注意使面包胚的闭口朝向模具两端内侧且向下。不加盖烤制，可做成纵向膨发效果好、顶部如山形或草垛形的软糯面包。

- 圆形

将面包胚分成两份，分别团成圆状，放入主食面包成型模具的两端。未做成棒状的部分使得面包胚重量集中，所以不加盖烤制后，成品面包比草垛形面包更加软糯，两个山顶更加膨松。

螺丝面包的成形

❶将分割、团好的面包胚放入手掌中，并压平。然后从两侧向中间卷入，呈水滴状。

❷用擀面杖将水滴状面包胚压平至 20 厘米长，呈扁平的水滴状。

❸从较宽一侧向较窄一侧卷入。

❹将卷成的闭口朝下摆放。（最终成品效果见第 141 页）

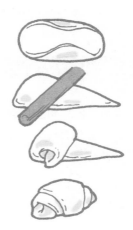

夹馅面包的成形

❶将分割、团好的面包胚放入手掌中，并压平。在面包胚中央放入 20 ～ 30 克呈球形的夹馅。

❷将面包胚的四角向上提起，包住夹馅。

❸将提起的面包胚捏紧闭合。

❹将面包胚在手中翻转后，轻轻旋转，使闭口严合。（最终成品效果见第 141 页）

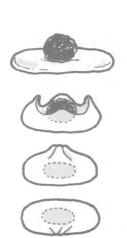

8 | 最终发酵

最终发酵，指的是让成形的面包膨发的工序，也被称为"烤炉发酵""最后一次发酵"。因面包胚已经放入模具或已摆放在烤盘上，所以最终发酵要比一次发酵的要求更加严苛。

基本的圆面包制作方法⑧

使面包胚在 40 摄氏度、80% ～ 85% 的湿度下，发酵 15 ～ 20 分钟。

发酵条件

发酵条件因面包种类与材料不同会有所差异，但油脂含量较多的面包尽量不要在过高温度下发酵。

- 配比简单的"贫瘠"系面包
  温度：40 摄氏度，湿度：80% ～ 85%
- 多用辅材料的"富足"系面包
  温度：36 ～ 38 摄氏度，湿度：80%

最终发酵的时间

最终发酵所需的时间与温度、湿度一样，因面包种类、酵母的量、制作方法、面包胚温度、烤炉温度、湿度、面包胚成熟程度、成形时的排气情况等会有相应的差异。一般情况下为 30 ～ 40 分钟，但有的面包需要 90 分钟，一些特殊的面包甚至需要 4 ～ 5 小时。当面包胚膨发至原来的 1.5 ～

2倍，用手指在表面按压后，指印会稍有停留，即表明最终发酵完成。

多种多样的最终发酵法

【塑料袋】

　　将面包胚整齐放入烤盘，在面包胚之间摆放 2 ～ 3 个盛有热水的耐热杯，将烤盘放入塑料袋中并束口封紧，注意保证水杯不倒。此法可很好地保持湿度，但较难调节温度。所以要不时地打开塑料袋观察面包胚的状态，或调整水杯中的水温。

【烤箱】

　　调节好烤箱的温度与湿度，将放有面包胚的烤盘放入烤炉发酵。使用烤箱时，切忌干燥。可通过在烤箱内放入盛满热水的杯子或盘子，起到防燥的作用。

热水

【发酵机】（见第 97 页）

　　根据所做面包的不同，设定相应的适宜温度。

【温水】

　　用塑料袋（或保鲜膜）将装有面包胚的烤盘包裹，然后放在盛满温水的大方盘上进行发酵。此法可很好地保持湿度，但较难调节温度。所以，要不时确认热水温度，并仔细观察发酵过程中的变化。

热水

9 | 烘烤

最终发酵结束后，要立即开始烘烤。温度的设定会大大影响面包的成品，所以要准确掌握所用烤箱的特性。

基本的圆面包制作方法⑨

在预热后的烤箱中，用 200 摄氏度的温度烘烤 14 分钟左右。

▊烘烤的目的

- 发酵产生的碳酸气体与乙醇的汽化作用，使面包体积变大。
- 使面包表皮呈焦色，提升味道与香气。
- 蒸发水分，提高面包的口感。
- 使淀粉 α 化（见第 140 页），易于消化。

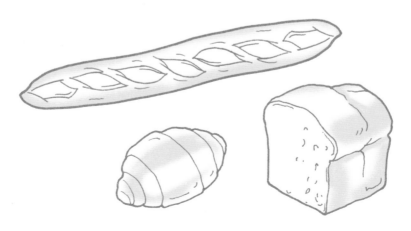

烘烤的窍门与注意要点

* 在大量烤制小面包胚时，要保持面包胚重量、间隔距离均匀一致。关于重量均等不再赘述，如果排列不整齐、间隔距离不一致，会使面包胚受热不一致，成品面包烤制不均。

* 烤箱必须预热。如果省去预热步骤，反而延长烤制时间的话，则面包表皮较厚，面包芯较硬，这也可能成为未烤熟、烤制不均的原因。

* 如果烤箱的温度设定过高，可导致面包烤制不均。如果喜好表皮结实的面包，可首先按照设定温度烤制，之后再升温，或延长烤制时间，来获得个人喜欢的口感。

* 烘烤时用到的蒸汽大致可分为烤前蒸汽与烤后蒸汽。烤前蒸汽指的是正式烘烤前释放的蒸汽，是为了防止烘烤时因高温而导致面包胚干燥；烤后蒸汽指的是烘烤后释放的蒸汽，为的是在法国面包等的表面补充水分，使面包表皮酥脆，或是为了弥补烤前蒸汽不足。

* 当面包烤制成熟后，快速从烤盘或成型模具中取出，放入网盘，充分散热冷却。如果烤制结束后，面包仍然放在烤盘或模具中，其表面会聚集水蒸气，导致面包松垮。另外，将模具中的面包取出放到揉面板上，这种突然的环境改变，可防止面包断腰，保持好的形状。

因温度而造成的面包胚的变化

开始加热烘烤后，随着温度的上升，面包胚的状态（面包芯的温度）也会随之发生变化，所以有必要了解温度引起的变化过程以及变化带来的相应反应。

● 45 摄氏度：面包胚的流动化

酵母与酶充满活性，释放大量的碳酸气体。面包胚呈流动的、最松软的状态。

● 45 ～ 60 摄氏度：烤箱内膨发

碳酸气体使面包胚全部膨发，面包胚的体积增加 ⅓。这种现象被称为"烤箱内膨发"（oven spring）。同时，淀粉的糊化也由面包表皮向面包内部推进。

● 60 摄氏度：酶活动停止

酵母与酶死亡，碳酸气体释放停止，烤箱内膨发停止。这一阶段，面包胚的颜色仍为白色。

● 75 摄氏度：气泡固定

蛋白质开始热凝固，气泡逐渐固定，并形成面包孔，构成并支撑面包骨架。此时面包胚的颜色变为黄色。

● 85 摄氏度：面包轮廓形成

糊化的淀粉开始 α 淀粉化，并从谷蛋白中抢夺水分，形成较硬的面包轮廓，即"面包外皮"。这时，面包胚的外部已达到 150 ～ 160 摄氏度。蛋白质中的氨基酸以及果糖等羰基化合物因受热而发生反应，形成蛋白黑素，使得面包胚变为褐色。这一面包胚颜色变化，被称为美拉德反应。

- 95 ～ 96 摄氏度: 面包芯与面包表皮形成

面包胚最终将上升至 95 ～ 96 摄氏度，形成膨松、柔软的面包芯，与坚固、带有焦色的面包外皮，面包胚完全变为面包。面包外皮的焦色与面包胚中含有糖类受热变褐色有关，这一反应被称为焦糖化反应。形成的面包芯在内部支撑面包外皮，外皮则在外部支撑着整个面包。

Q&A 关于面包的问与答

Q 面包制作的最后一道工序何时进行为宜？

A 根据所做面包的不同，会在烤箱预热期间，完成面包制作的最后一道工序。

制作螺丝面包时，为了面包表面有光泽，用刷子在面包胚表面涂好蛋液。

制作夹馅面包时，用小圆棒（见第95页）等戳出面包的"肚脐"，或涂上蛋液，或用盐渍樱花瓣作为装饰。

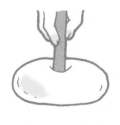

10 | 其他

　　本节介绍面包制作中需要注意的事宜，以及需要了解的常识。掌握应对各种状况的处理方法，才能提高面包制作的技能。

关于面包制作的环境

【工作环境】

　　工作环境与所用的工具都必须用酒精消毒除菌。脆弱的酵母讨厌杂菌，所以要格外注意卫生的检查。要时刻有整理好工作环境后再开始工作的思想认识。

【温度与湿度】

　　面包制作环境的温度与湿度的最理想状态是一年都能保持在恒定状态。但在实际家庭操作中，无法达到这一要求。所以要常备温度计与湿度计，能够根据室温的变化随时调节水温，并尽量避免在糅合温度上或发酵过程中失败。

关于原料的准备

【水果干、坚果类】

　　因水果干、坚果类本身干燥，直接混合加入面包胚中，必定会从面包胚中吸收水分。所以，在加入面包胚之前的 30 分钟，水果干需用水浸泡，前 10 分钟用笊篱控干水分后再加入面包胚中。如朗姆酒渍葡萄干等事先腌渍过的水果干，要在加入面包胚前的 10 分钟，控干水分备用。坚果类香气浓郁，可用于制作风味醇厚的吐司面包。

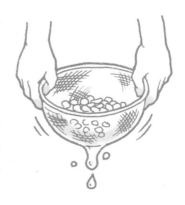

【黄油】

黄油一般是将其恢复到常温后再加以使用。但如果要直接使用冰冷的固态黄油，需用毛巾将黄油包住，用擀面杖从上方敲打黄油。黄油会变成柔软的碎块，便于与面包胚融合。当制作含油脂较多的面包时，如果加入过多的常温黄油，会升高面包胚的温度，所以上述对冷黄油的敲打做法更加适合。

▌混合时需特别注意的原料

【中种、发酵种】

在加入块状酵母时，将其撕碎混合，有助于与面包胚融合。

【水果干、坚果类】

如果过早地加入水果干、坚果类，会破坏面包胚中的谷蛋白，所以要等到面包胚中的谷蛋白充分形成后再加入果干。这里介绍一种均匀混合水果干、坚果的方法：将果干全部平放在摊平的面包胚上，将面包胚向内折叠卷入，包住果干，再用类似揉面的手法将面包胚摊平，这样可使果干均匀混合。

【黄油、砂糖】

对于酥皮果子饼、点心等多糖多黄油的面包，如果一次性加入黄油、砂糖，可能会影响谷蛋白的形成。应对办法有：分两次加入，或加入黄油、砂糖之前，充分激发谷蛋白的形成等。

第 5 章　练习题

问题1 以如下分量制作面包时，酵母的面包百分比为多少？请从下列选项中选出正确答案。

分量：高筋粉 150 克　　酵母 3 克　　食盐 3 克
　　　水 98 克　　　　黄油 10 克　　砂糖 8 克

1. 10%
2. 5%
3. 3%
4. 2%

问题2 最适合一次发酵的温度与湿度的组合是哪一个？请从下列选项中选出正确答案。

1. 温度 25 摄氏度，湿度 90%
2. 温度 30 摄氏度，湿度 75%
3. 温度 35 摄氏度，湿度 60%
4. 温度 37 摄氏度，湿度 50%

问题3 在主食面包的成形中，将面包胚做成两根棒状后放入模具中烤制，面包成品最终是什么形状？请从下列选项中选出正确答案。

1. 草垛形
2. 圆形
3. 卷形
4. 单长形

在烤制时，碳酸气体使面包胚全部膨发，面包胚体积增加 ⅓ 的现象被叫什么？请从下列选项中选出正确答案。

1. 面包胚的流动化

2. 面包表皮与面包芯的形成

3. 焦糖化反应

4. 烤箱内膨发

 当原料中有油脂时，添加油脂的时机为什么时候？请从下列选项中选出正确答案。

1. 与小麦粉一同加入

2. 与鸡蛋、乳制品等辅材料一同加入

3. 在糅合面包胚形成谷蛋白的时候加入

4. 在一次发酵之前加入

 在美拉德反应中生成，且使面包胚颜色呈褐色的色素是什么？请从下列选项中选出正确答案。

1. 黑色素

2. 褐色素

3. 蛋白黑素

4. 美拉德色素

问题7 关于排出空气的目的，不正确的是哪一项？请从下列选项中选出正确答案。

1. 使面包胚内温度恒定

2. 调整面包胚的形状

3. 使面包胚内的空气泡细密

4. 使酵母发生移动，接触到新的营养成分

答案解析

面包百分比的计算方法是：需要计算的某原料的量 ÷ 面粉的量 ×100。结合本题，即为 3÷150×100=2，可得出酵母的面包百分比为2%。（详细内容见第117页）

一次发酵的最适条件为温度30摄氏度、湿度75%。在发酵的场所放置湿度计，并在面包胚中插入面包专用温度计，进行核对确认。（详细内容见第122页）

草垛形主食面包的成形要点是使面包胚的闭口朝向模具两端内侧且向下。（详细内容见第134页）

面包芯温度在 50 ～ 60 摄氏度之间，面包胚开始膨发，这种现象即为烤箱内膨发，它将决定面包最终的体积。（详细内容见第 140 页）

油脂会阻碍谷蛋白的作用发挥，故在谷蛋白形成时加入为宜。另外，以糨糊状加入油脂，会有助于其与面包胚的融合。（详细内容见第79页、第121页）

当面包胚的温度升至85摄氏度时，氨基酸与羰基化合物受热发生反应，形成蛋白黑素，使得面包胚变为褐色。（详细内容见第140页）

排出空气的目的除了选项1、3、4以外，还会促进面包胚的成熟，强化谷蛋白膜，有助于面包膨发等，但不会直接影响面包成形。（详细内容见第126页）

第6章

品尝美味面包

手工制作的面包有其特有的味道,本章将介绍一些关于面包的食用方法。

1 | 在家中品尝美味面包

为了能够品尝到更加美味的手工制作的面包，需要事先了解面包切法技巧与保存方法。

享用美味面包的最佳时间点

任何事物都有最佳的品尝时间，面包也不例外。但是面包的最佳品尝时间因面包种类的不同而不同。

面包	最佳品尝时间	美味的时间期限
法国面包	烤制成熟后 3 小时内	大约 1 天
天然酵母面包	既可刚刚出炉食用，也可放置 1 日后食用	大约 5 天
黑麦配比面包	此类面包保存性能好，虽然因黑麦的比例差异会使保存时间略有不同，但如果用透气性较好的袋子或纸保存，2～3 日之内美味不会减退。	大约 4 天
全粉配比面包	既可刚刚出炉食用，也可放置 1 日后食用	大约 2 天
主食面包	刚刚烤制成熟后	大约 3 天
点心面包	刚刚烤制成熟后	因原料而异

面包的切法

首先充分擦拭掉面包切刀上的水汽，然后，不过于用力地沿前后方向切取，防止弄碎面包。如果多次用力地、锯物式切面包的话，不仅切口不美观，面包破损后，美味也会减半。不过，对于刚刚出炉的面包，无论使用多么好用的切刀小心切取，切口都会不完美，并且会影响面包风

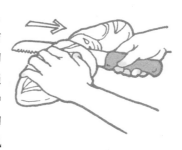

味，所以，一般情况下，面包出炉 30 分钟后，再开始切取。对于三明治类的面包，其中的内陷与面包相互融合粘连，切取时要一只手轻轻按压三明治，另一只手用好使的切刀慢慢地下刀，防止内陷露出。

面包的保存方法

当不立即食用面包，或不能一次吃完时，要做好面包的保存工作。

❶将面包按片数或个数细分，每一片、每一个都需覆盖保鲜膜，防止面包接触空气而干燥变硬。对于较大的面包，最好、最便捷的方法是切片后再进行保存。

❷将❶中的面包装入密封袋，放入冷冻室保存。面包易于吸附气味，所以要严格密封保存。冰箱冷藏的设定温度会加快面包老化，所以务必用冰箱的冷冻功能保存。需要食用时，直接将冷冻的面包放在烤面包机上加热即可。

漫谈时间
面包专栏

变硬后的面包再利用

变硬后的面包也可通过精心的处理，再次被利用。

再利用的例子：

• 做成面包碎（面包糠），用作油炸食品的外衣，或加入汉堡包的发酵种中。

• 切成比油炸面包片稍大的大小进行煎制，浇上白葡萄酒后，拌入沙拉料理中。

• 烤至全黑，具有与木炭等同的除臭效果。可撒在院中，或放入米糠酱中再利用。

2 | 面包与饮品的搭配

在品尝美味面包时，饮品的搭配不可或缺。根据气氛与场合的不同，选择恰当的饮品会激发面包的味道。

面包与葡萄酒、乳酪的三角搭配

正如"最后的晚餐"中面包与葡萄酒（红）的搭配一样，在欧美国家，面包与葡萄酒有着千丝万缕的联系。搭配葡萄酒的口味选择合适的面包，会使面包味道倍增。乳酪是面包与葡萄酒的搭配中另一种不可缺少的食物。这三种发酵食品之间味道互补，形成了奇妙的三角关系。

三角搭配的例子

乳酪	葡萄酒	面包
马斯卡普尼干酪、马苏里拉奶酪等新鲜乳酪	清淡辣味葡萄酒	内含葡萄干的面包
奶油干酪、法国白乳酪等新鲜乳酪	起泡酒、甜味白葡萄酒	内含葡萄干的面包
卡门培尔干酪（不完全成熟的）等白霉乳酪	清淡辣味白葡萄酒	长面包、核桃面包
白乳酪等轻微水洗乳酪	香醇辣味白葡萄酒	带酸味的黑麦面包
布瓦布伦朵乳酪等多奶油水洗乳酪	清淡红葡萄酒	带酸味的黑麦面包
山羊奶酪、巴朗塞乳酪等	香醇辣味白葡萄酒	法式乡村面包
皇家奶油等多奶油蓝纹干酪	香甜白葡萄酒	黑麦面包
罗克福尔干酪、斯蒂尔顿干酪、戈尔贡佐拉干酪等辣味蓝纹干酪	香醇陈酿红葡萄酒	黑麦面包

面包与咖啡

咖啡与面包的搭配在激发面包香味的同时，也会增加享受咖啡的乐趣。咖啡豆具有苦味、酸味的特点，根据研磨、煎煮的方法不同，咖啡味道也会不同。搭配咖啡的不同口味，选择不同的面包，会使二者都口味倍增。

面包与红茶

红茶包括大吉岭、阿萨姆等多种类型，味道与香气也各不相同。是直接饮用还是制成奶茶饮用，是选择冷饮还是选择热饮，不同的饮用方法需选择不同的红茶。一边品茶比较，一边寻找面包与红茶的最佳搭配，不失为一件有趣之事。

面包与其他饮品

在德国，啤酒中加入纽结椒盐脆饼是固定的搭配。再比如，日本风格的夹馅面包等搭配牛奶，也是美味十足的组合。另外，辣炒的烤荞麦面包也常与啤酒搭配。

3 | 提升口味的面包添加物

　　面包与多种多样的食材搭配，才能使其美味加倍，大家不妨探寻面包的最佳搭配，享受面包带来的乐趣。本节主要介绍涂抹在面包上的食材。

▌黄油

　　在日本售卖的黄油大多是无发酵的有盐黄油。但有些商店也有发酵黄油、制作点心专用的无盐黄油。涂抹在面包上的黄油基本为有盐黄油。另外，有的黄油中会加入葡萄干、大蒜、香草等，根据个人喜好，自由选择即可。

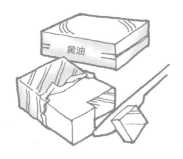

▌乳酪

　　法国是乳酪极其盛行的国家，甚至有"一个村庄有一种乳酪"的说法。不仅仅是法国，欧洲各国都经常食用乳酪，每个国家都有各不相同的乳酪。基本上，每个国家的乳酪都与本国的面包十分搭配。另外，乳酪中含有乳脂肪，乳脂肪的含量比决定着乳酪的风味，也影响着其与面包的搭配。

果酱

　　在日本特有的点心面包中，有一种果酱面包。在吐司面包片上涂抹果酱食用的果酱面包美味可口。在"面包发达国家"的欧洲各国，都有着考究的食用方法。比如，在面包上涂抹乳酪，再在乳酪上涂抹果酱，或是将乳酪、火腿、果酱进行大胆组合食用。比如青霉乳酪戈尔贡佐拉与果酱的搭配会收获意外的美味。另外，新鲜的山羊奶酪具有酸味，与果酱也十分搭配。

酱馅、酱汁

　　如今，在超市中可轻松购得肝酱。在进口商店中，也可买到鸭肉或三文鱼肉酱。

　　另外，酱汁等简单的食材也可家庭制作。只要充分利用家中常备的坚果、金枪鱼等食材，根据不同的搭配，就可能创造出无限的美味。

　　在面包上涂抹酱馅或酱汁，再放上或夹入蔬菜、肉、鱼等，就可能会发现前所未有的味道。

蓝莓酱

柑橘酱

4 | 面包的食用礼仪

　　设想一下如果能够在餐厅中优雅地享受面包的美味，那氛围与心情也会与众不同。特别是在法国餐厅，通过品尝面包的方式，可以观察一个人的品性与修养。食用礼仪虽不是严苛的规则，但对此有所了解定会使美味随心情而加倍增长。

▌料理中的面包礼仪

【面包的选择方法】

　　不同的餐厅提供的面包种类不同，所以大家尽可挑选自己中意或偏好的面包。要注意的是，当面包被端上餐桌时，不要立即夹取面包。这是因为服务人员会首先介绍和说明面包的种类。在听完介绍后，方可说"我要这款面包"，表达选定之意。这时千万不可贪多，切忌一下夹取多块面包。一旦夹取多块面包，服务人员定会询问是否需要添加面包，所以要一片一片地分取面包。

【享用面包的时间节点】

　　享用面包的时间节点一般在汤品结束之后。有时，服务人员也会直接将面包摆到桌前，并叮嘱："这是刚刚出炉的面包，请慢用。"即使是非正式场合，也尽量不要在品汤之前食用面包。结束享用面包的时间节点为甜点之前。切忌仅用面包果腹，要合理搭配料理，均衡摄入食物。

【面包的食用方法】

　　要用手将面包撕成便于入口的大小。在撕面包时，要尽量在盘子上方进行，防止面包屑直接散落到餐桌上。当面对的是拳头大小的硬面包时，则无须勉强掰碎。对于女性食客，在最开始将面包一分为二时，可使用餐刀，而其他时间使用餐刀有违礼仪要求。

　　另外，面包的切面或撕面必须要面对自

己，不要将不好的一面面向客人。在食用时，要在面包上涂抹黄油，并一口吃掉。每次用毕，黄油刀的刀刃要面向自己放置。

　　以上事宜要充分引起注意，时刻记着要优雅地享用面包。

需要注意的事项

【不允许的行为】

- 正餐中，面包浸汤食用。
- 用嘴将面包撕碎。
- 收拾、整理面包碎屑。此工作由服务人员完成，保持原状即可。
- 从一开始就往面包上涂黄油。即使觉得涂黄油麻烦，也要每次吃之前现涂。

【用面包蘸沙司一起食用，这符合礼仪要求吗？】

　　虽然有的场合忌讳这样做，但也不是所有场合都不允许。这种情况下，不是用手拿着面包蘸取沙司，而是用叉子插着一口大小的面包蘸取沙司。这虽不是严格的要求，但千万不要忘记这是为了不给其他同席客人留下不快感觉而要遵守的餐桌礼仪。

第 6 章　练习题

问题1 法国面包的最佳食用时间为什么时候？请从下列选项中选出正确答案。

    1. 出炉即食

    2. 出炉后 1 小时以内

    3. 出炉后 3 小时以内

    4. 次日早晨

问题2 **正确切取面包的方法是哪一项？请从下列选项中选出正确答案。**

    1. 利用面包切刀，不过于用力地前后方向快速切取面包

    2. 利用面包切刀，不过于用力地、按压式快速切取面包

    3. 利用刺身切刀，犹如切生鱼片般切取面包

    4. 利用普通菜刀，拉拽切取

问题3 **正确的面包保存方法是哪一项？请从下列选项中选出正确答案。**

    1. 用保鲜膜包裹每一片（个）面包，放入冰箱保存

    2. 将每一片（个）面包装入袋中，排出袋内空气后，放入冰箱保存

    3. 用保鲜膜包裹每一片（个）面包，装入密闭袋中，排出袋内空气后，常温保存

    4. 用保鲜膜包裹每一片（个）面包，装入密闭袋中，排出袋内空气后，放入冰箱保存

在法国料理正餐中，一般何时食用面包为宜？请从下列选项中选出正确答案。

1. 正餐开始时食用
2. 在主餐时食用
3. 汤品结束后食用
4. 根据喜好，任何时间都可食用

 在法国料理正餐中，最符合面包食用礼仪的是哪一项？请从下列选项中选出正确答案。

1. 以个人喜爱的方式食用即可
2. 只撕取自己食用的分量，每次食用时都涂抹黄油
3. 要事先全部撕成小块，少量多次食用
4. 不撕成小块，大快朵颐即可

法国面包的最佳食用时间基本上为余温褪去后，大约为出炉后 3 小时以内。最佳食用时间会因面包的种类不同有些许差异。掺有黑麦粉的面包一般在烤制成熟后 3 天左右的时间内食用最佳。（详细内容见第 148 页）

面包的切口不整齐或有坏损，都会使面包的风味减半。（详细内容见第 148 页）

冰箱的环境最能防止面包老化，最好将面包放入冰箱保存。因面包易吸附气味，必须密封保存。（详细内容见第 149 页）

正餐时，服务人员偶尔会在汤品时间端上来刚刚出炉的面包，这是酒店的特意安排，所以直接食用刚刚烤好的面包也不算失仪。一般享用面包的节点，为汤品时间，如果不是正餐场合，在汤品时间食用面包也无可厚非。（详细内容见第 154 页）

选择 2 为高雅的食法。虽然礼仪无严格的规定，但要注意不使同席之人感到不快。女性食客可在最开始用刀子将面包切成两半，而男性食客则不允许如此做。（详细内容见第 154 ～ 155 页）

第7章

食品卫生

　　这一章将讨论引起食物中毒、食品变质的原因，以及相应的预防办法。另外，也会涉及家中自制面包的食品卫生等问题。

为了防止家庭中发生食物中毒，最重要的是平时加以注意，不要让面包滋生细菌。要掌握正确的知识与预防措施。

与食物中毒相关的主要菌群

地球上存在成千上万的细菌，细菌是引起食物中毒的主要原因。在思考食物中毒的预防措施之前，要首先了解细菌的相关知识。

细菌	特征
肠炎弧菌	生存于海中的细菌。人类主要通过生食感染此菌的鱼虾类感染中毒。是日本国内引起食物中毒最多的细菌之一。
产气荚膜梭菌	耐热、厌氧菌，也被称为供食菌或自助食菌。可引起大量制作的咖喱、汤品中的食物中毒。
肉毒杆菌	可在食物中繁殖，不耐热、厌氧菌。可见于久放的瓶装食物、罐头，偶可见于蜂蜜中。
沙门氏菌	寄生于人或动物消化器官的肠内细菌。其中的一部分可感染人或动物，出现病原性。
病原大肠菌	可引起胃肠炎的大肠菌。如 O-157 肠管出血性大肠菌等。
黄葡萄球菌	兼性厌氧菌。葡萄球菌中的毒素抗热性强，加热后葡萄球菌虽可死亡，但毒素仍存。

细菌的繁殖条件

【水分】

水分是细菌繁殖不可或缺的条件，菌体约 80% 为水分。同时，菌体内的代谢活动在水环境中进行，营养成分也在水溶状态下被吸收。食物中含有的水分分为可用于杀菌的自由水[※1]与不可用于杀菌的结合水[※2]。自由水含量越多，细菌越易繁殖。

※1 与结合水相对，可自由移动的常见的水

※2 与碳水化合物或蛋白质相结合的水

【温度】

适于细菌发育的温度为发育极适温度，据此细菌可分为低温菌、中温菌与高温菌三种。大多数的细菌属于中温菌，其发育极适温度为 37 摄氏度左右。高温菌的发育极适温度为较高的 50 ～ 60 摄氏度，几乎不参与食物腐败过程。低温菌的发育极适温度为较低的 10 ～ 20 摄氏度，这类菌若附着到食物上，即使冰箱保存，也会继续繁殖，需格外注意。

【氢离子浓度】

细菌的发育与繁殖也会受到环境中的氢离子浓度（pH）※的影响。大部分的细菌以 pH7.0 为中心轴，在 5.0 ～ 9.0 范围内最宜滋生。肠炎弧菌等较为例外，在较高的 pH8.5 左右的环境中也可滋生，霉菌、乳酸菌在 pH6.0 左右的环境中可滋生。

※ 用于表示物质酸碱性的刻度。pH7.0 为中性；pH 值越小，酸性越强；pH 值越大，碱性越强。

【氧】

细菌的氧必需度因菌种不同而不同。可分为通过呼吸利用氧增殖的好氧菌、发酵增殖的厌氧菌，以及既可利用氧增殖，也可在无氧条件下发酵增殖的兼性厌氧菌三种。沙门氏菌、肠炎弧菌、痢疾杆菌的大多数属于兼性厌氧菌，产气荚膜梭菌、肉毒杆菌等属于厌氧菌。

食物中毒的原因

• 细菌性食物中毒

感染型：细菌（沙门氏菌、病原大肠菌、肠炎弧菌等）本身引起的食物中毒。

毒素型：细菌产生的毒素（黄葡萄球菌、肉毒杆菌等）引起的食物中毒，因摄入在食品中繁殖的细菌所释放的毒素而产生中毒反应。

其他类型：伴随食物一同摄入食物中繁殖的细菌，附着在肠管后，侵入组织、细胞，进而引起中毒反应等。

• 自然性食物中毒

动物性自然毒（河豚、毒鲜、贝毒等）。

植物性自然毒（毒菇、马铃薯芽等）。

• 化学性食物中毒

添加物、器具、包装的不完善等。

• 因食物接触者的操作不当引起的食物中毒

食物中毒的预防

如果不注意或疏于管理，家中极易引起食物中毒。据说食物中毒的二至三成发生于家庭中。即使是严寒的冬天，过于自信也是大忌。与以前的住房不同，如今的独门独户、公寓住宅等私密性高，冬天的室内温暖舒适，也成了易于细菌滋生的环境。所以，平时就应时刻保持清洁的厨房环境。

检查要点

请按照表内项目逐一检查

检查场所		检查内容	检查结果
厨房	水槽	有无水垢或发霉?	
	排水沟	有无及时处理垃圾?	
	海绵、刷帚	有无发霉?	
	砧板、菜刀	是否每日消毒?	
		使用之前是否清洗干净?	
	布巾	是否每日消毒且晾干?	
	汤勺等调理用具	有无食物沉渣?	
		使用之前是否清洗干净?	

> 特别是厨具专用海绵、砧板、水槽、台布巾等极易滋生细菌,需及时清洁打扫。

检查场所		检查内容	检查结果
冰箱冷藏室、冷冻室	清洁	冰箱内仓室有无发霉?	
	食物检查	食物是否放置过多?	
		是否确认食物的保质期限?	

> 要及时清扫冰箱内侧的乙醇等物质。如果经常擦拭冰箱外侧水分,一般不会出现污浊。冰箱内的蔬菜仓室底部若累积蔬菜残叶,极易导致发霉。如果冰箱内储物过多,会导致空气循环差,不仅会降低冰箱冷藏冷冻功能,还会额外费电。

2 | 食物变质与防止方法

　　造成食物变质的原因就在我们身边。为了防止食物变质，要认真学习关于温度管理、加热、干燥等方面的优秀经验。

食物的变质

【腐坏】

　　由于附着在食物上的微生物（细菌等）的酶催化作用，食物中的成分发生变化，产生吲哚、甲烷、硫化氢、氨、胺类、二氧化碳等，这成为食物腐坏的原因。特别是在蛋白质含量较多的肉类、鱼贝类中，这是个严重的问题。

【油脂的酸化】

　　油脂会因空气中酶的作用发生酸化，其颜色、气味、味道都会发生改变。不仅会使食物营养价值降低，还会导致产生多种多样的有害物质，危及人体健康。另外，油脂也会因为加热而加速酸化。特别是在家中，油炸食物用过的油长期反复利用，也有可能引起食物中毒。所以，富含油脂的食物一定要在保质期内食用。

食物变质的防止办法

【低温保存】

　　将食物低温保存可有效地阻碍并抑制微生物的繁殖，同时也会减缓食品中酶的化学反应。右表展示了不同食物的最适贮藏温度。

贮藏温度	食品种类
7～10 摄氏度	水果
4～7 摄氏度	蔬菜、鸡蛋、调理用食品
3～4 摄氏度	奶、奶制品
1～3 摄氏度	肉类
0～1 摄氏度	鱼虾类、鸡肉
-15～0 摄氏度	冷冻食品

【脱水】

降低食品中的水分可提高食品的保存性能。常见的例子有鱼贝干物等。

【加热】

加热食品可使其中的微生物死亡，使食品中的酶失去活性，进而提高其保存性能。常见的处理方法有烤、煮、炸、蒸等。

【食盐贮藏、砂糖贮藏、食醋渍泡】

食盐、砂糖具有与自由水（见第160～161页）结合的特性。也就是说，食盐贮藏与砂糖贮藏的方法可以减少细菌繁殖必需的自由水，从而使食物不易腐坏。食醋的酸性作用可使细菌的蛋白质变性，抑制其繁殖。同时，也可使 pH 值降低，抑制食品腐坏，对于类似 O-157 的细菌，具有杀菌效果。常见的例子有盐藏梅干、糖藏果酱、醋渍腌泡菜等。

【其他方法】

罐头、瓶装食品等方法从很早以前就深受欢迎。但最近随着包装材料的开发与进步，利用空气转换、脱氧剂等新技术的包装逐渐开始使用。其他的方法还有熏烟法，利用木材不完全燃烧产生的烟具有杀菌、防止酸化的效果，还会给予食物独特的风味。另外，杀菌剂、防霉剂、防酸剂等一些食品添加剂也可起到防止食品变质的作用。

3 | 杀菌

杀灭细菌可预防食物中毒。了解杀菌的有效方法，可预防食物中毒。

食物的杀菌

【物理方法】

加热处理

几乎大部分的细菌在 100 摄氏度的高温下加热 5 分钟即可死亡。所以煮、烤、油炸等处理方法，经过充分的加热，都可起到杀菌作用。不过，罐装、瓶装食品等会因食品的酸度不同，加热条件发生相应改变。牛奶等食品无法做到完全杀菌，所以可相应采用超高温杀菌法、高温短时间杀菌法、低温持续杀菌法（见第 84 页）等。

紫外线

紫外线杀菌法适用于食品工厂内的饮料原料水的杀菌处理。近年来，也逐渐应用到食品中。

【化学方法】

食品添加物

在瞬间或短时间内杀菌、杀微生物上，通常使用卤素杀菌制剂。

酒精或乙醇

主要用于固体或半固体食品的表面消毒。另外，为了不残留酒精的特殊气味，已经开发出添加有机酸等提高杀菌性能的制剂，进而减少酒精比例。

机器与工具的杀菌

【 物理的方法 】

加热

在进行加热消毒之前，最重要的是要充分洗净消毒器械，确保不残留任何有碍于加热杀菌的食物成分。在开水煮沸或蒸汽杀菌后，要使器械充分干燥，必须保证未有空中散落的细菌附着，避免造成再次污染。

杀菌方法	温度	时间
煮沸	100 摄氏度	3 分钟以上
热水	80 摄氏度以上	5 分钟以上
蒸汽	100 摄氏度	15 分钟以上
热风	80 摄氏度	30 分钟以上

紫外线

只限于器械的表面杀菌，可用于菜刀、砧板、容器的杀菌处理。

【 化学方法 】

氯盐制剂

作为杀菌专用的氯剂，常用次氯酸钠。几乎大部分的家用漂白剂（厨房专用、洗涤专用、哺乳杀菌等）都用到了次氯酸钠。此外，漂白粉中也含有氯元素，同样具有杀菌效果。

中性肥皂

即所谓的消毒专用肥皂，可用于较广领域的杀菌。

酒精与乙醇

其喷雾或湿布可用于食品加工器械、工具、包装以及手部的消毒。在使用前要先去除器械、工具等上面的污垢。

问题1 细菌中大约含有多少水分？请从下列选项中选出正确答案。

1. 约 40%
2. 约 60%
3. 约 80%
4. 约 90%

问题2 最适合细菌发育的温度被称为什么？请从下列选项中选出正确答案。

1. 发育极适温度
2. 发育适宜温度
3. 发育适合温度
4. 发育恰当温度

问题3 引起岛国日本发生食物中毒最多的细菌是什么？请从下列选项中选出正确答案。

1. O-157
2. 肠炎弧菌
3. 沙门氏菌
4. 肉毒杆菌

问题4 细菌可分为通过呼吸作用利用酶增殖的好氧菌与通过发酵增殖的厌氧菌，具有两者共同特征的细菌被称为什么？请从下列选项中选出正确答案。

1. 两性氧菌
2. 兼性厌氧菌
3. 变异体菌
4. 氧发酵菌

问题5 细菌性食品中毒是食品中毒原因之一，能够产生引起毒素型食物中毒毒素的细菌是哪种？请从下列选项中选出正确答案。

1. 沙门氏菌
2. 肠炎弧菌
3. 病原大肠菌
4. 黄葡萄球菌

问题6 加热杀菌法有多种类型，下面的组合哪项不正确？请从下列选项中选出正确答案。

1. 80 摄氏度以上热水加热，5 分钟以上
2. 100 摄氏度蒸汽加热，15 分钟以上
3. 100 摄氏度沸水加热，1 分钟以上
4. 80 摄氏度左右热风加热，30 分钟以上

答案解析

水分是细菌繁殖不可或缺的条件。另外细菌体内的代谢活动也是在有水的环境中进行，细菌所需的营养成分也必须溶于水后才能被细菌吸收。（详细内容见第 160 页）

细菌可分为低温菌、中温菌和高温菌三类。大多数的细菌属于中温菌，其发育极适温度为 37 摄氏度左右。（详细内容见第 161 页）

人通过食用被肠炎弧菌污染的鱼虾而感染中毒。这是日本发生最多的食物中毒之一。（详细内容见第 160 页）

沙门氏菌、肠炎弧菌以及痢疾杆菌大多数都属于兼性厌氧菌，产气荚膜梭菌、肉毒杆菌等属于厌氧菌。（详细内容见第 160 ～ 161 页）

在食物中毒的原因当中，属于毒素型细菌性食物中毒的还有肉毒杆菌。沙门氏菌、病原大肠菌、肠炎弧菌等细菌本身引起的食物中毒属于感染型细菌性食物中毒。（详细内容见第 162 页）

沸水加热杀菌须进行 3 分钟以上。同时，杀菌后要彻底使其干燥，必须注意空气中细菌附着，避免再次被污染。（详细内容见第 167 页）

卷末附录

真题展示

　　"面包师资格鉴定"考试设有 100 道问题,时间为 60 分钟。这一部分展示了 50 道真题,时间设定为 30 分钟。希望大家能够以参加正式考试的态度,完成此部分的题目。

请从每道题中选出一个最佳选项。

1. 公元前 7000 年，人类首次在"肥沃新月地带"栽培谷物。当地有两条著名河流，一条是底格里斯河，另一条是什么河？

   1. 印度河　　　　2. 湄公河　　　　3. 幼发拉底河　　4. 多瑙河

2. 改良传自埃及的发酵面包，并发明新酵母种，且将其传入罗马的是哪个国家？

   1. 土耳其　　　　2. 葡萄牙　　　　3. 希腊　　　　4. 法国

3. 12 世纪，相对于富裕阶层食用的白色面包，普通百姓食用的面包被称作什么？

   1. 黄金面包　　　2. 黑面包　　　　3. 黑麦面包　　　4. 罗马面包

4. 14—16 世纪，以佛罗伦萨为中心，面包技术得到长足发展的时代是什么时代？

   1. 绳文　　　　　2. 文艺复兴　　　3. 巴洛克　　　　4. 洛可可

5. 在哥伦布发现美洲大陆之前，美洲原住民烤制并食用的面包是以什么为原料的？

   1. 玉米　　　　　2. 燕麦　　　　　3. 米　　　　　　4. 小麦

6. 东欧以及北欧国家经常食用的黑麦面包起源于何时？

   1. 公元前 7000 年　　　　　　　　2. 公元前 700 年
   3.12 世纪　　　　　　　　　　　　4.19 世纪

7. 在法国面包中，仅由面粉、水、食盐、酵母制成，以法国长面包、巴黎小子面包为代表的棒状面包统称为什么？

   1. 乡村面包　　　2. 传统面包　　　3. 甜酥面包　　　4. 花色面包

8. 使用法国面包的面包胚烤制而成的食用面包——pain de mie，其中的 mie 是什么含义？

   1. 牛奶　　　　　2. 我的　　　　　3. 地名　　　　　4. 内馅

9. 起源于维也纳，用于纪念奥地利在与奥斯曼土耳其的战争中获胜，外形为象征土耳其的新月形的面包是什么？

   1. 奶油面包　　　2. 纽扣面包　　　3. 羊角面包　　　4. 巴黎蛋糕

10. 起源于法国诺曼底地区，法国"贫瘠"系面包的代表，外形酷似中世纪僧侣的面包是什么？

    1. 奶油面包　　　　　　　　　2. 佛卡恰
    3. 意大利节日果子面包　　　　4. 咕咕霍夫面包

11. 在意大利北部被称为"美凯塔"，具有玫瑰外形的罗塞塔是哪个城市的传统面包？

    1. 罗马　　　　　2. 都灵　　　　　3. 米兰　　　　　4. 那不勒斯

12. 俄罗斯的代表性面包、酸味极重的黑面包的主要原料是什么？

    1. 燕麦　　　　　2. 玉米　　　　　3. 荞麦　　　　　4. 黑麦

13. 在面包胚中揉入黄油，具有馅饼口感与甜味的丹麦面包，并在生日时食用的大个点心面包是什么？

    1. 节日脆饼　　　2. 黄油小点　　　3. 茶果面包　　　4. 螺旋小包

14. 诞生并流行于墨西哥的薄饼状面包的原料是什么?

    1. 大豆   2. 玉米   3. 花生   4. 小麦

15. 多被德国面包店用于店标的椒盐脆饼是因其形状酷似人体某一部分而得名。那这一部分指的是哪里?

    1. 耳朵   2. 手腕   3. 屁股   4. 脚

16. 在英语中被称为"口袋面包",多见于中近东城市的面包是什么?

    1. 皮塔饼   2. 馕   3. 土耳其面包   4. 印度薄饼

17. 通常,芬兰乡村面包中会加入哪种蔬菜?

    1. 胡萝卜   2. 土豆   3. 西芹   4. 洋葱

18. 根据不燃性矿物质分类的小麦粉等级中,最优质的小麦粉是什么?

    1. 特等粉   2. 一等粉   3. 最高级粉   4. 米粉

19. 在小麦粉中含有的蛋白质里,与麦谷蛋白结合生成谷蛋白的物质是什么?

    1. 皂角苷   2. 球蛋白   3. 蛋白质   4. 麦胶蛋白

20. 酵母的死亡温度是多少?

    1. 40 摄氏度   2. 60 摄氏度   3. 80 摄氏度   4. 100 摄氏度

21. 以下哪一项不是发酵中产生的物质?

    1. 二氧化碳   2. 酒精   3. 酯   4. 氮

22. 在干酵母的预备发酵中，要使用约为酵母量 5 倍的水。那适宜温度为
    多少？

    1. 10～12 摄氏度   2. 20～22 摄氏度
    3. 40～42 摄氏度   4. 60～62 摄氏度

23. 在小麦粉中加水后，形成的小麦粉最具特征的网状构造是什么？

    1. 葡萄糖   2. 麦谷蛋白   3. 谷蛋白   4. 糊精

24. 下列关于硬小麦粗粉的描述中，不正确的是哪一个？

    1. 超硬   2. 胚乳呈黄色
    3. 适合制作面包   4. 适合制作意大利面

25. 以下糖类中，不是以甘蔗为原料的是哪一项？

    1. 蜂蜜   2. 黑糖   3. 红糖   4. 洗双糖

26. 在面包制作过程中，面包胚发黏，发酵过快，但排出气体后逐渐收缩。
    形成这一现象的原因是什么？

    1. 水加入量少   2. 忘记加入酵母
    3. 砂糖加入量少   4. 忘记加入食盐

27. 用砂糖煮制柑橘、柠檬的产物被称为蜜饯。在制作过程中，一般使用
    柑橘或柠檬的哪一部分？

    1. 果肉   2. 种子   3. 果肉与叶子   4. 果皮

28. 关于面包制作中使用的油脂，以下选项中哪一个为动物性油脂？

    1. 人造黄油   2. 橄榄油   3. 黄油   4. 起酥油

29. 关于油脂在面包制作中的作用的描述，不正确的是哪一项？

1. 延缓面包老化
2. 软化面包
3. 收缩面包胚
4. 增加风味

30. 在面包制作过程中，应加入什么状态的黄油为宜？

1. 融化后的黄油
2. 冷冻固态黄油
3. 常温糊状黄油
4. 一部分用面粉熬炼的黄油

31. 在卵黄成分中，具有延缓面包老化作用的脂质是什么？

1. 异黄酮
2. 油酸
3. 儿茶素
4. 卵磷脂

32. 以下最适合用于称量面包原料的工具是哪一个？

1. 电子秤
2. 量杯
3. 1 千克计量器
4. 30 厘米标尺

33. 以下最适合用于切割面包胚的工具是哪一个？

1. 擀面杖
2. 菜刀
3. 分割板
4. 剪刀

34. 在面包制法中，直接法是最简单、最适用于家庭面包制作的方法。关于此法优点的描述，不正确的是哪一项？

1. 面包老化慢
2. 作业时间短
3. 不限发酵场所
4. 发酵时间短

35. 在发酵种法中，有一种波兰法。波兰法产生于 19 世纪前叶的哪个国家？

1. 法国
2. 俄罗斯
3. 波兰
4. 德国

36. 在占材料 50% 以上的面粉中加入水和酵母，混合发酵制种，之后向种内加入其他原料的制法属于什么制法？

1. 直接法
2. 酸种法
3. 老面法
4. 中种法

37. 酸种法是为了使黑麦更加可口而发明的制法。酸种法最大的缺点是什么？

1. 营养价值低下   2. 制种需花费数日时间

3. 面包老化速度快   4. 面包发黏程度严重

38. 在使用 250 克高筋粉的前提下，面包百分比为 2% 的酵母的量为多少？

1. 7.5 克   2. 6.0 克   3. 5.0 克   4. 2.5 克

39. 一般情况下，一次发酵的时间以多长为宜？

1. 5 ～ 10 分钟   2. 30 ～ 60 分钟

3. 1 ～ 2 小时   4. 2 小时以上

40. 为了确认一次发酵是否完成，需进行指测。指测结果是用手指按压的圆坑不反弹恢复，这一现象说明了什么？

1. 发酵稍有不足   2. 发酵充分完成

3. 发酵严重不足   4. 发酵过剩

41. 在面包胚静置时，以下工具哪个可防止面包胚干燥？

1. 厨房用盖布   2. 藤条篮筐   3. 大理石台板   4. 毛巾

42. 在小型面包中，使用擀面杖成形的是哪一个？

1. 小圆面包   2. 棒形面包   3. 夹馅面包   4. 螺丝面包

43. 使已成形的面包再次膨发的工序有多种叫法，以下不正确的是哪一个？

1. 烤炉发酵   2. 最终发酵   3. 最后一次发酵   4. 二次发酵

44. 贫瘠系圆面包的面包胚成形、发酵的最佳温度、湿度组合是哪一项？

    1. 36 摄氏度，湿度 80%   2. 36 摄氏度，湿度 60%

    3. 40 摄氏度，湿度 85%   4. 43 摄氏度，湿度 90%

45. 在烤制过程中，烤箱内面包芯的最终阶段温度为多少？

    1. 60 摄氏度   2. 75 摄氏度   3. 90 摄氏度   4. 95 ～ 96 摄氏度

46. 在排出气体时，从面包胚中逸出的物质是什么？

    1. 二氧化碳   2. 氧   3. 糖分   4. 淀粉酶

47. 在以下面包中，保存性能最好，烤制后 2 ～ 3 天内不会损失任何味道的是哪一个？

    1. 法国面包   2. 黑麦面包   3. 点心面包   4. 主食面包

48. 在法国料理正餐中，最符合面包食用礼仪的是哪一项？

    1. 用手将面包撕成一口大小的块状食用

    2. 将面包切成两半直接食用

    3. 要事先将面包全部撕成小块后再食用

    4. 用刀具将面包切成一口大小的块状

49. 主要在食品中繁殖，并产生毒素，不耐热的厌氧菌是什么？

    1. 沙门氏菌   2. 葡萄球菌

    3. 肉毒杆菌   4. 产气荚膜梭菌

50. 与细菌增殖条件无关的是哪一项？

    1. 水分   2. 温度   3. 氧   4. 日光

答案解析

1. 答案 **3**
（第 10 页）

　　"肥沃新月地带"指的是以美索不达米亚文明发祥地底格里斯河、幼发拉底河为中心，即现在的叙利亚、黎巴嫩、以色列地区。印度河位于印度，湄公河位于越南，多瑙河位于东欧。

2. 答案 **3**
（第 12 页）

　　希腊的面包手艺人将小米与葡萄汁研磨混合，发明出可保存的酵母种。之后，他们作为奴隶将面包扩散到罗马。面包传播到法国、葡萄牙更是之后的事情。

3. 答案 **2**
（第 14 页）

　　贵族等富裕阶层食用精筛过的小麦粉制作的面包，而普通百姓则多食用筛剩的粗黑粉制作的面包。黑面包由此得名。

4. 答案 **2**
（第 14 页）

　　文艺复兴时期，达·芬奇等艺术家使得以著名的佛罗伦萨为代表的罗马、博洛尼亚、威尼斯等意大利各个城市文化百花齐放。绳文是日本旧石器时代的文化，巴洛克与洛可可是中世纪欧洲的文化形式。

5. 答案 **1**
（第 15 页）

　　玉米为美洲原产，美洲大陆的诸多地区都以玉米为主食。即使现在，全球 40% 的玉米产量都来自美洲。燕麦多被用于制作麦片等谷类加工食物。

6.

答案

2

（第 14 页）

据了解，黑麦面包的历史可以追溯到公元前 700 年左右。

7.

答案

2

（第 22 页）

本题选择法国传统面包。充满想象的花色面包，指的是与传统面包的面包胚相同而外形不是棒状的面包。甜酥面包指的是从维也纳传来的富足系点心面包的总称。

8.

答案

4

（第 23 页）

mie 在法语中意为"装在其中的东西"。pain de mie 是将英式山形主食面包改成用法国面包胚制作。相对于品尝外皮的法国面包，这款面包更注重享受柔软的面包芯。

9.

答案

3

（第 23 页）

羊角面包外形寓意新月。将面包胚卷起，两角弯曲，形成月牙状。奶油面包模仿了中世纪僧侣的外形，纽扣面包外形酷似纽扣，巴黎蛋糕即为巴黎小子面包。

10.

答案

1

（第 24 页）

咕咕霍夫是奶油面包的变形，诞生于阿尔萨斯地区。佛卡恰是将橄榄油揉入面包胚中的意大利代表性面包。节日果子面包源于意大利，是内含水果干的发酵糕点。

11.

答案

1

（第 27 页）

意大利每个地区都拥有各具特色的面包。罗塞塔如今流行于整个意大利。都灵代表性面包为意式长棍面包，那不勒斯的代表性面包为佛卡恰，米兰的代表性面包为拖鞋面包、节日果子面包等。

12.

答案

4

（第 29 页）

　　黑麦在北欧、东欧等寒冷地区也可种植，是俄罗斯伏特加酒的原料。因其不产生谷蛋白，所以面包胚不膨发，有分量，在发酵时会使用酸种。燕麦用于制作燕麦粥或燕麦片。

13.

答案

1

（第 37 页）

　　黄油小点为多个小酥皮糕点的联结。茶果面包的特点为具有黄油的香气，馅饼般的酥层。螺旋小包为卷入肉桂的涡状面包。

14.

答案

2

（第 42 页）

　　原产于美洲大陆的玉米被美洲各国广泛食用，但墨西哥却流行薄平的玉米烤饼。用玉米烤饼卷着智利沙司与肉类、蔬菜的吃法深受欢迎。

15.

答案

2

（第 31 页）

　　纽结椒盐脆饼的独特外形酷似交叉环绕的手腕。

16.

答案

1

（第 43 页）

　　皮塔饼因烤箱上下同时高温烘烤，可形成特殊的中间空洞。在其中放入内陷食用，也被称为"口袋面包"。

17.

答案

2

（第 33 页）

　　芬兰乡村面包是其中卷入土豆的黑麦面包。

18.

1

（第 59 页）

在面粉等级分类中，不燃性无机盐最少、最优质的小麦粉被称为"特等粉"。

19.

答案

4

（第 60 页）

小麦粉中含有的蛋白质主要为麦胶蛋白与麦谷蛋白，在小麦粉中加水后，二者相互结合形成谷蛋白。

20.

答案

2

（第 66 页）

酵母耐热性较弱，当温度达到 60 摄氏度时，酵母即会死亡。

21.

答案

4

（第 67 页）

酵母发酵后，糖分发生分解，产生二氧化碳（碳酸气体）、酒精、酯。但不会产生氮。

22.

答案

3

（第 69 页）

在干酵母的预备发酵处理中，向酵母量的 5 倍、40 ～ 42 摄氏度的温水中加入砂糖，待其充分溶解后再加入酵母使其溶解。

23.

答案

3

（第 60 页）

向小麦粉中加水后，麦胶蛋白与麦谷蛋白两种蛋白质结合，形成网状构造的谷蛋白，之后经过烤制，形成面包的骨架。

24.

3

（第 64 页）

虽然硬小麦粗粉中蛋白质的含量较高，但其谷蛋白的性质与其他小麦粉不同。所以，硬小麦粗粉不用来制作面包，适合制作意大利面。

25.

1

（第 77 页）

从甘蔗中提取，经过精制加工，可制成黑糖、红糖、洗双糖等多种砂糖。蜂蜜是由花蜜制成。

26.

4

（第 75 页）

如果忘记添加食盐，将不能适度控制发酵，虽然发酵快，但排出气体后面包胚会很快萎缩。

27.

4

（第 88 页）

用砂糖充分煮制柑橘、柠檬果皮后可得到蜜饯，其酸甜的味道与富足系面包胚十分搭配。

28.

3

（第 80 页）

黄油是由牛奶中的乳脂肪制作而成。其他 3 种油脂的原料均为植物油。

29.

3

（第 78 页）

在面包胚中加入油脂可防止水分的蒸发，软化面包表皮与面包芯。使面包胚收缩紧致是食盐的作用。

30.

答案

3

（第 79 页）

在黄油使用上，通常使用常温下可用手指轻轻按压的糊状黄油，其他状态的黄油可能与面粉不充分融合，或与面粉直接脱离。

31.

答案

4

（第 87 页）

卵黄中含有的脂质之一卵磷脂具有延缓乳化性与老化的作用，所以，加入鸡蛋的面包经过烤制后极其松软，几日过后口感仍然柔软。

32.

答案

1

（第 92 页）

酵母、食盐、麦芽等在面包原料中只占微小的一部分，但却可左右面包的成品效果。所以，在称量时，选用具有精细刻度的电子秤最为适合。

33.

答案

3

（第 94 页）

分割板是切割面包胚时使用的工具。在须不损伤面包胚，且快速切割面包胚时，分割板不可或缺。

34.

答案

1

（第 102 页）

直接法将所有原料一次性混合，简单易行，适于家庭制作。但也具有老化快、面包放久了易变硬的缺点。

35.

答案

3

（第 108 页）

波兰法是诞生于波兰的发酵种法，具体方法是在 20% ～ 40% 的面粉中加入等量的水与酵母。

36.

答案

4

(第 104 页)

中种法使用占所有原料 50% 以上的面粉制作种面包胚。此法虽然诞生于 20 世纪 50 年代的美国,但由于它适用于制作角形面包、点心面包,所以日本的大型面包制作企业也多采用此法。

37.

答案

2

(第 106 页)

酸种法使黑麦与水发酵,进行续种,经过数天时间,初种形成之后,再制作最终的酸种,整体花费时间较长。

38.

答案

3

(第 117 页)

以面包主原料、占总原料一半以上的面粉量为 100,据此表示其他原料配比的比率被称为面包百分比。面包百分比(%)=需要了解的某原料的量 ÷ 面粉的量 ×100。因此,酵母的量为 2×250÷100=5(克)。

39.

答案

2

(第 122 页)

面包发酵时间过长或过短都会影响面包的质量。一般情况下,在 30 ~ 60 分钟内,面包胚膨发至原来的 2 倍,即为发酵成功的标志。

40.

答案

2

(第 125 页)

用手指按压后,圆坑不反弹恢复是发酵良好的状态。如果圆坑自行恢复填满,则是发酵不足。

41.

答案

1

(第 131 页)

厨房用盖布具有结实的厚度,且不透风,可有效防止面包胚干燥。藤条篮筐是发酵时使用的工具。毛巾透气性好,面包胚会干燥。

42. 答案 **4** （第 135 页）

螺丝面包的成形是将面包胚轻轻卷起，形成水滴状，利用擀面杖将其擀平后，再卷起成形。

43. 答案 **4** （第 136 页）

二次发酵指的是在一次发酵后，排出一次空气，再一次团面包胚，使其膨发的过程。

44. 答案 **3** （第 136 页）

发酵时间会因面包种类以及原料差异而不同。原料配比简单的贫瘠系面包的适宜发酵条件为 40 摄氏度与 85% 的湿度。

45. 答案 **4** （第 141 页）

随着烤制的进行，面包表皮与面包芯的温度出现差异。柔软蓬松的面包芯的最终温度可达 95 ～ 96 摄氏度。

46. 答案 **1** （第 67、126 页）

酵母发酵后，糖分发生分解，产生二氧化碳（碳酸气体）、酒精、酯。符合该题要求的是二氧化碳气体。

47. 答案 **2** （第 148 页）

黑麦面包制作耗时长的同时，可保存的时间也长。因法国面包注重刚刚出炉的酥脆口感，所以在烤制成熟后 3 小时之内食用为佳。主食面包、点心面包也最好尽快食用。

48.
1
（第 154 页）

用手将面包撕成便于入口的大小，并且一口吃掉。注意不要直接用牙撕咬面包。

49. 答案
3
（第 160 页）

沙门氏菌是兼性厌氧的肠内细菌。葡萄球菌也属于兼性厌氧菌。产气荚膜梭菌属于耐热厌氧菌。

50. 答案
4
（第 160 页）

细菌的繁殖条件包括水分、温度、氢离子浓度以及氧，与日光无关。

参考文献

《面包基本大图鉴》大阪阿倍野辻面包制作技术高等专科学校, 讲谈社

《面包事典》上好文主编, 旭屋出版

《乳酪事典》村田重信主编, 日本文艺社

《新面包制作基础知识 修订版》竹古光司著, 面包新闻社

《BREAD 面包爱好者的面包制作技术理论与食谱》杰弗里·哈梅尔曼著, 旭屋出版

《从酵母思考面包制作》志贺胜荣著, 柴田书店

《面包"诀窍"的科学 面包制作答疑》吉野精一著, 柴田书店

《教科书: 美味的面包》家制烹饪协会著, 主妇与生活社

《面包制作问与答 通往面包达人的捷径!》田边由布子著, 文化出版局

《教科书: 最亲密的面包 丰富详解的操作照片助你零失败》坂本梨花著, 新星出版社

《面包制作教材》大阪阿倍野辻面包制作技术高等专科学校编集, 柴田书店

《小麦粉的话语》制粉振兴会著, 制粉振兴会

《小麦粉的魅力 创造丰富健康的饮食生活》制粉振兴会著, 制粉振兴会

《与配菜共享 措奥夫烤制的黑麦面包》伊原靖友著, 柴田书店

《用少许酵母悠然发酵面包——竟有如此妙法 美味面包的再发现!》高桥雅子著,
PARCO 出版

《藤田千秋的美味面包教室》藤田千秋著, 主妇与生活社

《面包的历史》威廉·齐尔著, 同朋社出版

《了不起的面包世界》滩吉利晃著, 讲谈社

《面包事典》成美堂出版部编, 成美堂出版

《面包手工坊》岛津睦子著, NHK 出版

《天然酵母》滩吉利晃著, 家制烹饪协会

《通往美味面包的道路》滩吉利晃著, 家制烹饪协会

图书在版编目（ＣＩＰ）数据

面包制作教科书.入门篇/日本家制烹饪协会著；
刘仝乐译.－－北京：中国友谊出版公司,2019.7

ISBN 978-7-5057-4679-4

Ⅰ.①面… Ⅱ.①日… ②刘… Ⅲ.①面包—制作
Ⅳ.① TS213.21

中国版本图书馆 CIP 数据核字 (2019) 第 069596 号

著作权合同登记号　图字：01-2019-3490

PANCIERGE KENTEI　3KYUKOUSHIKI TEXT
© HOME MADE COOKING 2015
Originally published in Japan in 2015 by Jitsugyo no Nihon Sha, Ltd.
Chinese (Simplified Character only) translation rights arranged through
TOHAN CORPORATION, TOKYO.

本书中文简体版权归属于银杏树下（北京）图书有限责任公司。

书名	面包制作教科书.入门篇
作者	［日］日本家制烹饪协会
译者	刘仝乐
出版	中国友谊出版公司
发行	中国友谊出版公司
经销	新华书店
印刷	北京盛通印刷股份有限公司
规格	889×1194 毫米　32 开
	6 印张　125 千字
版次	2019 年 7 月第 1 版
印次	2019 年 7 月第 1 次印刷
书号	ISBN 978-7-5057-4679-4
定价	42.00 元
地址	北京市朝阳区西坝河南里 17 号楼
邮编	100028
电话	（010）64678009